動物園を100倍楽しむ! 飼育員が教えるどうぶつのディープな話

編著 大渕希郷

緑書房

目次

第4章 アジアにすむなかま

第5章 オーストラリアにすむなかま

第6章 人とくらすなかま

まえがき

私は動物が大好きで、幼少期から足しげく動物園や水族館に通いました。とくに、神戸市立王子動物園(その中でも動物科学資料館)、そして高校生のときから研究や展示にかかわらせていただいた神戸市立須磨海浜水族園。この2つの園での経験がなければ、動物園の仕事に就くことはなかったかもしれません。

ところで、みなさんは、動物園で働いている人=飼育員だから、その仕事内容は動物へのエサやりと掃除だと思っていませんか?

確かに、それらは飼育員が毎日行う重要な仕事です。しかし、それだけが仕事のすべてではありません。動物園はおもに野生動物を生きたまま展示し、来園者に"野生"を伝える場です。そのために、より本来の姿にちかい環境で動物たちが過ごせるよう、飼育という技術を日々高めているのです。また、飼育員自身で、あるいはさまざまな領域の研究者と連携して、動物の研究も行います。さらに、絶滅危機種の保全のために繁殖技術を発展させるという重要な任務もあります。このように、飼育員は展示、来園者への教育普及、研究、種の保全のために、あるいは飼育技術そのものの向上のために、仕事をしているといえるのです。そういった仕事が、ひいては生物多様性や地球環境の保全につながるわけです。それは本書を読めば、理解いただけると思います。

さて、みなさんの中にはペットとして動物を飼っている人もいるでしょう。では、動物園での飼育と、個人の飼育では何がちがうのでしょうか?

多くの人は、その動物が"好きだから"飼っていると思います。つまり、飼う理由や目的はおもに飼い主の精神的充足です。一方で動物園は、上述したように、生物多様性や地球環境の保全につなげるために飼育し、展示をしています。個人と動物園では、飼う理由も目的もちがうのです。

しかし、共通して守るべきことがあります。それは、法令遵守と動物福祉の充実です。前者は言わずもがなですが、後者も動物園の動物、個人のペット、食用・毛皮用・労働用などの家畜のほか、飼育動物すべてに言えることです。そのため、動物福祉を充実させるための各園の実際の取り組みについても、本書ではたくさんの事例を盛り込んでいます。

みなさんも本書を読んで、気になった動物園に足を運び、そこにいる動物たちをじっくりと観察してみてください! ディープな話を知った上で観察するのですから、今までの倍以上楽しめるはずです。本書では約50種の動物が紹介されています。つまり、本書をきっかけに動物園を100倍楽しんでいただけたら嬉しい限りです。

最後に、お忙しいなか貴重な情報を提供いただいた動物園や研究施設、関係団体のみなさまにこの場をお借りして御礼申し上げます。

大渕希郷

本書の使いかた

紹介する動物のおもな生息地域

＊実際には、ほかの地域にも生息していることがあります（本文参照）

紹介する動物の名前

＊内容により種の場合と、亜種や総称の場合があります

紹介する動物のきほんてきな生態情報

執筆者の職種

飼育員／展示係、園長など

獣医師

研究員、学芸員／キュレーター、博士など

＊施設により職域や正式名称はさまざまなため、実際の区分は異なる場合があります。

動物たちのディープな話題

知って読むと さらに勉強になる

国際自然保護連合（IUCN）は絶滅危惧種レッドリスト™ を公開しています。レッドリストは、種の生息状況を示すリストで、その種が絶滅の危機に瀕しているかどうかが、カテゴリーで分類されています。地球上の生物の多様性を維持するために、絶滅の危機に瀕している生物は保護する必要があります。ワシントン条約（CITES）や移動性野生動物種の保全に関する条約（CMS）などの改正の際にも参考にされるなど、条約や国の政策、個人の行動を変えるきっかけとなる情報です。

本書では、基本的にはこの分類に基づいて解説しています。

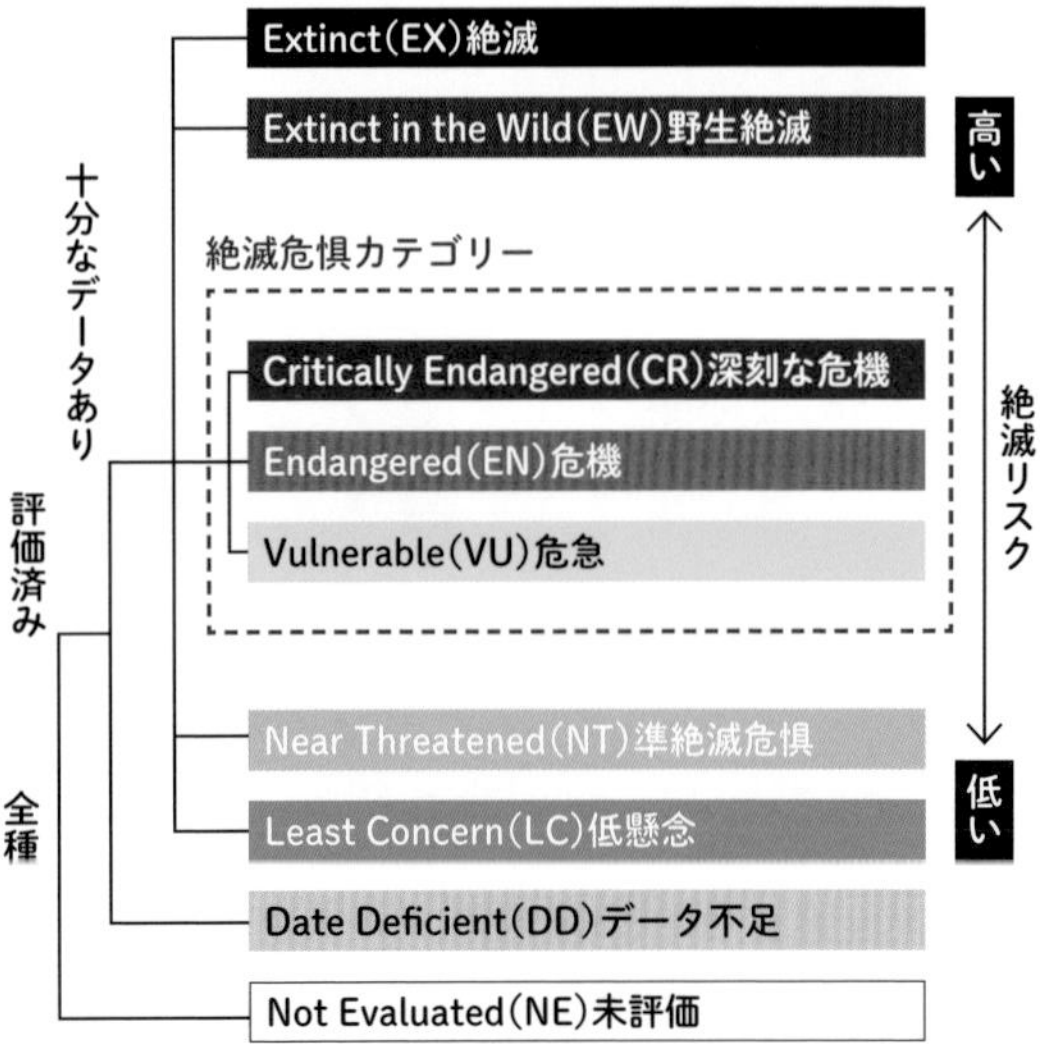

図:IUCNレッドリストカテゴリーと基準　3.1版　改訂2版
iucn_categories_and_criteria_japanese.pdfより引用・改変

第1章

アメリカ大陸にすむなかま

No. 01

アメリカ大陸にすむなかま ▼

オオアリクイ

ユニークな特徴がいっぱい！アリを食べる動物

オオアリクイ（*Myrmecophaga tridactyla*）は、哺乳綱有毛目アリクイ科オオアリクイ属の動物です。有毛目は大きくアリクイ亜目とナマケモノ亜目の２つに分類されています。

オオアリクイは寒さが苦手で、アルゼンチン・ブラジル・コロンビアなどの温暖な中南米の草原、開けた森林地帯などに生息し、地上で生活しています。頭から尾の先までの長さは170～200cm近くになることもあり、体重は40kgほどです。体の大部分が黒または暗褐色《あんかっしょく》の粗く長い体毛でおおわれ、前肢《ぜんし》は白く、胸から肩にかけて白く縁取《ふちど》られた黒い三角の模様《もよう》があります。怒ったときや驚いたときなど、感情がたかぶったときには背中から腰にかけての毛が逆立ちます。尾は60～90cmと長く、寝るときに自分に被せてつかいます（尾を頭と似た形や位置にすることで、ジャガーやピューマなどの天敵を惑わせ、身を守っているといわれます）。

江戸川区自然動物園の方が教えてくれた マニアックなお話

時短で食べるオオアリクイ

オオアリクイは嗅覚《きゅうかく》が非常に発達しています。ちなみに、よく「鼻が長い」といわれますが、鼻は顔の先に小さくあるだけで、長いわけではありません。一方視覚はあまり優れておらず、においを頼りにエサのアリなどを探します。

オオアリクイは、野生では1日におよそ3万匹のアリやシロアリを食べます。口の中に歯はなく『噛《か》む』ことはできないため、エサは丸のみにしてしまいます。1つのアリの巣に対し食事にかける時間は数十秒～1分程度といわれ、これはアリからの分泌液《ぶんぴつえき》などの攻撃を受ける前に巣を離れるためと考えられています。その短い食事で得られるエネルギー量の関係で、活動時間は短く、1日14～15時間ほど眠ります。また、体温を32～34度ほどに低く維持してエネルギーの消費を抑えています。江戸川区自然動物園（以下、当園）では、おもに馬肉、イナゴ、ドッグフード、卵黄、粉ミルクなどを混ぜてペースト状にしたものをエサとして与えています。

舌はおよそ60cmあり、粘着質の唾液《だえき》でおおわれ、1分間に150回ものスピードで出し入れできます。口は2～3cmしか開かず、下アゴの骨は人のような上下ではなく左右に少し開くような構造になっています。ときおり土をペロペロと舐めていますが、これは土を摂取してお腹の調子を整えているといわれています。

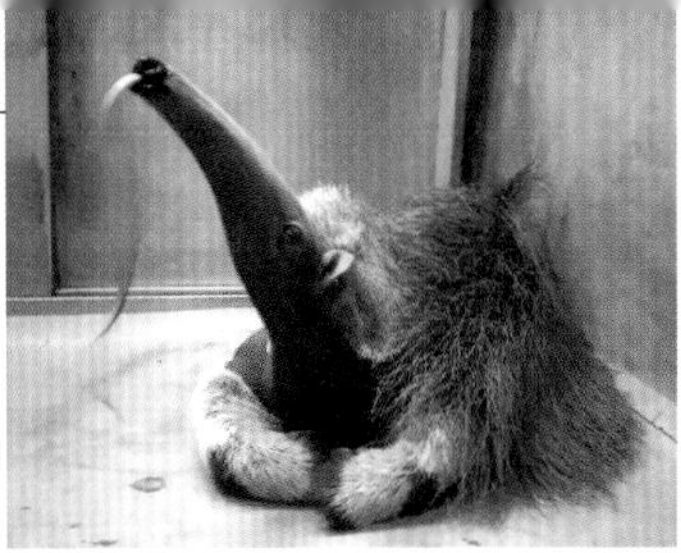

朝起きた直後にあくびをしているところ。口を開けてあくびができないオオアリクイは、こうやってあくびをします。

癒《いや》しの水浴びタイム

水をかけてあげているところ。とても気持ちよさそう！

オオアリクイは、夏に水浴びをすることがあります。床に飼育員がホースで水をまいてあげることが開始の合図で、そのときに水浴びをしたい気分であれば、舎内に置いてある水バットにザブンと入ります。体や尾など、前肢と後《こう》肢《し》をつかって全身を丁寧に掻《か》いていくので、飼育員がその部分に水をかけてあげます。長いときには20分ほど時間をかけることもあります。

アリやシロアリを、1日におよそ3万匹食べます。まれにほかの虫や果物を食べることもあるようです。

野生では、雌雄ともに群れをつくらず、1頭で生活します。雌雄は生殖器《せいしょくき》以外の外観のちがいはほとんどなく、見た目で判断することは難しいです。メスの発情はおよそ50～60日周期で訪れ、妊娠《にんしん》期間は180～190日ほどで、1回の出産で1頭を産みます。子どもは生後半年～9カ月ごろまで母親の背中に乗って移動し、母親と子どもの模様をつなげてカモフラージュして、天敵にみつかりにくくしています。

平均寿命は野生下で14年ほど、飼育下では25年ほどで、31年生きた記録もあります。

知っておきたい

オオアリクイは森林伐採などによる生息地の破壊や捕獲により個体数が減少傾向にあり、IUCNのレッドリストでは絶滅危惧種（VU）、ワシントン条約では附属書IIに記載されています。

日本には、1933年上野動物園にはじめてオオアリクイがやってきました。その後各地の動物園で導入が進み、2001年には32頭が飼育されていましたが、これをピークに減少し、2022年9月時点で6園15頭となっています。頭数が少ないため、繁殖をして頭数を増やすことが重要で、オオアリクイを飼育している動物園では繁殖や個体の移動について連絡を取り合いながら繁殖計画を進めています。

生まれた赤ちゃん『アモ』。

江戸川区自然動物園

〒134-0081
東京都江戸川区
北葛西3-2-1
TEL：03-3680-0777

文・写真：前田亮輔

グーで歩きます

オオアリクイには前肢・後肢ともに５本の指がありますが、前肢の第５指がほとんど退化しており、外観からはほぼわかりません。また、前肢には非常に鋭い爪があり、とくに第２指・第３指の爪が大きくなっています。熱帯地方ではとくにシロアリ類が『アリ塚』と呼ばれる巨大な塚をつくります。これを破壊するために爪が発達したわけですが、転じて身を守るための武装にもなっています。

大きな爪をもつために前肢の裏をつけて歩くことができず、前肢をグーの形に丸めて、拳の小指側を地面につけて歩きます。また、前肢の裏には爪で自分の足を傷つけないように小さなくぼみがあり、爪の先がうまくしまわれるようになっています。

ケンカしませんように！慎重にお見合い

オオアリクイは、発情時のメスがオスと出会い、うまくいけば交尾に至ります。交尾はオスがメスを追いかけ、メスの腰に前肢を引っかけてゆっくりと横向きに倒して行います。交尾の後は、オスはメスに会うことはなく、子育てにも参加しません。メスが１頭で子どもを産み、育てます。

当園では、オスの『アニモ』とメスの『アイチ』の２頭の繁殖《はんしょく》に取り組んでいます。２頭は普段は柵《さく》で仕切られた展示場で暮らしています。「別々でかわいそう」という声も聞きますが、ケンカになってケガをするおそれもあるため、お見合い以外で安易に一緒にすることはありません。お見合いに適したタイミングもわかりづらく、メスの陰部の状態、オスの行動の変化（しきりににおいを嗅《か》ぐなど）から総合的に判断しています。２頭の相性は決してよいとはいえず、お見合い時は飼育員も目を離せませんでしたが、2022年11月に赤ちゃんが誕生しました。

広いとはいえない当園の展示場ですが、なるべく退屈しないように木々や丸太を置いたり、地面を定期的に掘り起こしたり、エサの場所や与え方を工夫したりして、幸せに暮らしていけるように心がけています。

No.
02

アメリカ大陸にすむなかま ▼

マタコミツオビアルマジロ

丸まって防御！
かたい装甲《そうこう》をもつ動物

マタコミツオビアルマジロ（*Tolypeutes matacus*）は、哺乳綱被甲目アルマジロ科ミツオビアルマジロ属の動物です。アルマジロという名前は、スペイン語の『武装したもの（armado）』に由来します。

マタコミツオビアルマジロは、南アメリカの熱帯雨林やサバンナ（ボリビア東部、パラグアイ、ブラジル中部〜アルゼンチン中部）に生息します。普段は単独で生活しますが、体温が33〜36度と低めで、脂肪も蓄積しにくいため、寒い時期には小さな集団となり暖をとります。神戸どうぶつ王国（以下、当園）の個体を参考にすると体長は25cm、尾は短めで6〜8cm、体重は1.0〜1.6kgです。

銃弾もはね返すといわれる装甲をもち、天敵などの脅威には丸まって防御態勢をとって身を守ります。ボール状に丸まると、人の力でも引きのばすのは困難です。

腹まわりに白や褐色《かっしょく》、薄い茶色の毛が生えています。腹や足の内側はやわらかく、長くて粗《あら》い感覚

巣穴の役割

アルマジロ類は夜行性で、昼間は巣穴で休みます。体温調節が苦手で、一定の温度を保てる穴の中で体温を調節するのです。めったに自分で巣穴を掘らず、ほかの動物が放棄した巣穴を引き継ぐことが多いです。まわりに何もないと、草や葉で一時的な巣を作ります。

巣穴は身を守る場所でもあります。急に天敵に襲われた場合は身を丸くして防御態勢をとりますが、この方法では逃げられないため、できるだけ巣穴に逃げ込みます。また、アルマジロ類の多くは1日に16〜18時間眠ります。一般的に捕食者に狙われる側の動物は睡眠時間が短い傾向にありますが、アルマジロ類にとって穴の中は安心して過ごせる場所なので、長時間寝ることができます。しかし穴のまわりには糞《ふん》や尻尾《しっぽ》の跡など痕跡《こんせき》が多く残るので、敵にみつからないよう1カ所には長くとどまらず、頻繁《ひんぱん》に移動します。

このような特徴から、飼育下でも身を隠せるシェルターや床材が必要です。休みたいときに休める場所を作ると、アルマジロ類は安心できます。

からだの構造

アルマジロ類の体は頭や背、尾などがウロコ状の板（装甲帯盾《そうこうたいじゅん》）でおおわれており、無数の板状の骨（皮骨《ひこつ》）でできています。頭部の装甲の模様《もよう》は人の指紋《しもん》のように個体ごとに異なります。

ミツオビアルマジロの仲間は3列の幅広い可動帯甲をもっていて、肩と腰との装甲が体より離れており、ここに四肢を入れて丸まります。丸まると頭と尻尾が噛《か》み合わさり、すき間がなくなります。この態勢は体温で温められた空気を閉じ込めるのにも役立ちます。このように完全に丸くなれるのは実はミツオビアルマジロとこのマタコミツオビアルマジロの2種類だけです。完全に丸まれない種類は、走って巣穴に逃げたり、地面に体を押しつけたり、トゲがある茂みに逃げこんだりして身を守ります。

アルマジロの歩き方もとてもユニークで、装甲の部分をあまり揺らさず、足だけせわしなく動かしているようにみえるため、まるでおもちゃのようです。背甲が硬いぶん足の可動域が狭く、足の可動域をできるだけ広げるためにつま先立ちをし、歩くスピードも速いです。

をもつ毛でおおわれていて、暗い場所でも動き回れます。耳は大きく、四肢《しし》には前肢《ぜんし》に4本、後肢《こうし》に5本の丈夫な爪があり、とくに前肢の爪は頑丈《がんじょう》です。視力があまりよくない代わりに嗅覚《きゅうかく》が発達し、においでエサを探して土の中の獲物も四肢や爪で掘り出し、粘着力のある長い舌で巻き取るように食べます。

食性は雑食性で、無脊椎《むせきつい》動物が7割、果物などの植物質が2割を占め、甲虫《こうちゅう》、アリ、果物のほか、小型の爬虫類《はちゅうるい》や動物の死骸も食べます。歯は終生のびつづけますが、やわらかくエナメル質に欠き、つかうのは昆虫《こんちゅう》類などを噛《か》み砕く程度です。

当園の個体を参考にすると繁殖《はんしょく》期は10〜翌年1月ごろで、妊娠《にんしん》期間は120日ほどです。アルマジロの仲間は通常1回で1頭を出産しますが、ココノオビアルマジロだけ

雌雄のちがい

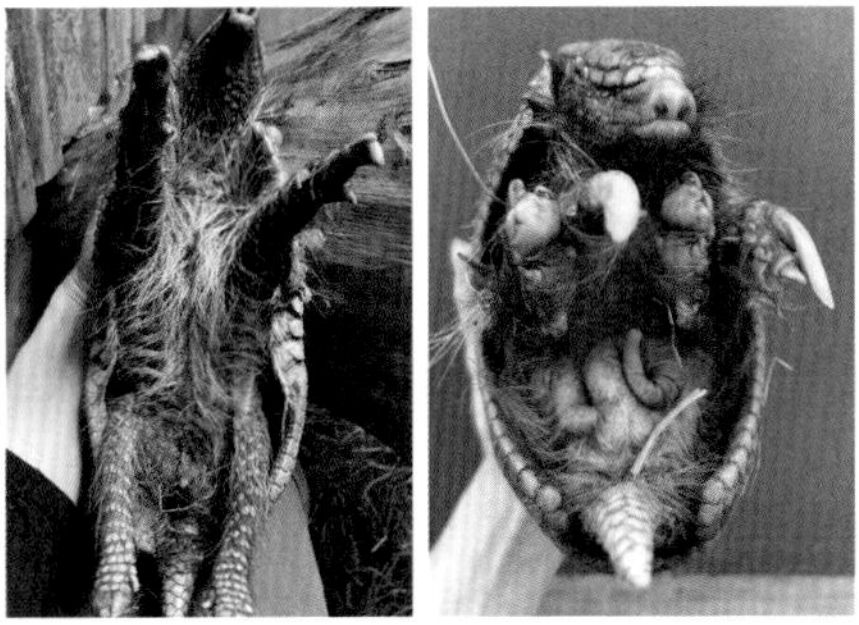

左がミヅナ(メス)、右がマジロウ(オス)の腹面。

アルマジロの雌雄は腹面で見分けられます。オスには生殖器《せいしょくき》が大きく発達し、体に対する陰茎《いんけい》の比率は哺乳類《ほにゅうるい》の中で最も長く、全長の2/3に及びます。

普段はグルっと小さく収納されていますが、交尾では体長の約半分ほどにまで膨らんできます。装甲におおわれたアルマジロは柔軟に動くのが難しく、装甲を越えてメスの膣口まで到達できるよう、このように発達したのではと推測されます。

『ミヅナ』と『マジロウ』

当園では現在13歳の『ミヅナ』（メス）、10歳の『マジロウ』（オス）の2頭のマタコミツオビアルマジロを飼育しています。かなり体格差があり、大きい方がミヅナで、体重も300ｇほどちがいます。普段は別の部屋にいて、2頭を一緒に見る機会はほとんどありません。

日中は一生懸命《いっしょうけんめい》乾草を集めて巣を作り、寝ています。丸まることもあれば横たわって寝ることもあり、さまざまです。夕方、エサを持ってきたスタッフに寄って催促するなど、愛嬌もいっぱいです。

マジロウにはイモ、ニンジン、リンゴ、キウイ、バナナ、食虫ペレット、ミルワームという植物質が多めのメニュー、便が崩れやすかったミヅナには食虫ペレット、蚕《かいこ》のサナギ、ツムギアリ、バナナをミキサーにかけたペースト状のエサを与えています。このようにおなじ種類の動物でも体調、状況にあわせてエサを変えています。

また、マジロウとミヅナは繁殖期にお見合いをします。ミヅナは当園で過去3回、3頭の子どもの出産経験があるベテランママです（父親はマジロウです）。環境改善に取り組み、今後も交尾、繁殖につなげたいと考えています。

左がミヅナ、
右がマジロウのエサです。

は基本的に一卵性の4つ子を産みます。子育てはメスだけで行います。生まれたばかりの子どもはゴルフボールほどのサイズで、目は閉じ、装甲はやわらかいですが、爪は完全に発達しています。生後数時間で歩き回り、体を丸めることができます。当園の個体を参考にすると2～4週間ほどで目が開き、装甲もかたくなってきます。授乳期間は10週間ほどで、雌雄ともに9～12カ月ほどで性成熟します。寿命は12～15年で、飼育下では35年を超えた個体もいます。

神戸どうぶつ王国

〒650-0047
兵庫県神戸市中央区
港島南町7-1-9
TEL：078-302-8899

文・写真：小村潤

No. 03

アメリカ大陸にすむなかま▼

ボリビアリスザル

動物園で出会える群れで暮らす小型のサル

ボリビアリスザル（*Saimiri boliviensis*）は、哺乳綱霊長目オマキザル科リスザル属に分類される動物です。

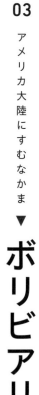

リスザルのなかま（リスザル属）は、体重が1kg前後しかないリスのように小型のサルで、中央・南アメリカに5〜7種類ほどが知られています。このうち、ボリビアリスザルは、南アメリカ大陸のアンデス山脈のふもと、ボリビア・ブラジル・ペルーのアマゾン川の上流域にあたる森林に生息しています。ほかのリスザルとくらべ、頭の色が黒く、手足は鮮やかな黄色をしているのが特徴です。メスの方がやや小さく、体がより黒っぽくなります。尻尾《しっぽ》の先端は黒色です。長い尻尾は、細い木の枝の上でバランスをとるのに役立ちます。

　ボリビアリスザルの主食は果実と昆虫《こんちゅう》です。森の中でみつかるイチジクなどの果実が、食べもの

日本モンキーセンターの方が教えてくれた マニアックなお話

さまざまな鳴き声で『会話』します

多くの動物園では、野生とおなじようにリスザルを群れで飼育しています。群れで暮らしていると、仲間と一緒に遊んだり、ケンカしたり、子育てをしたりする様子が見られます。観察していると、よく鳴き声を出していることにきづくでしょう。甲高《かんだか》い声で、「ピーッ」や「チャック」というようなさまざまな鳴き方をします。鬱蒼《うっそう》とした森の中では、仲間の姿を目で見て確認することができません。そのため、よく通る声をつかって、自分の居場所や危険などを仲間に伝えているといわれています。動物園で観察するときは、姿を見るだけではなく、耳を澄ませてリスザルどうしの『会話』もよく聞いてみましょう。

2頭でじゃれあって遊んでいるところ。

日本の動物園とリスザル

リスザル類は動物園で飼育されることが多いサルのなかまです。現在の日本の動物園ではおもにボリビアリスザルとコモンリスザルの2種類を見ることができます。飼育の歴史は長く、第二次世界大戦中の1940年ごろから記録があります。戦争を境にほとんどいなくなりましたが、1959年ごろから再び各地で見られるようになりました。昔は、リスザルのなかまは現在のように細かく種類が分かれておらず、まとめて『リスザル』1種として扱われていました。そのため、写真や産地の記録が残っていないと、どの種類のリスザルだったのかはわかりません。現在日本では見られないクロアタマリスザルやセアカリスザルによく似た写真記録もあるので、昔は飼われていたのかもしれません。

母親(左)だけでなく、母親ではない若いメス(右)も赤ちゃんを世話します(アロマザリング)。

の大部分を占めます。昆虫類を好み、幼虫や、飛んでいる虫を捕まえて食べる様子がよく観察されます。カタツムリやカエル、小鳥などを食べることもあります。

リスザル類の社会は『複雄複雌《ふくゆうふくし》群《ぐん》』といわれる、複数のオスと複数のメスからなる群れでできています。ボリビアリスザルは数十頭程度の群れをつくり、メスは生まれた群れに居残り、オスは性成熟すると別の群れに移籍する『母系』の社会をつくります。ときに別のオマキザル科の群れと合流して何日も一緒に暮らすこともあります。群れは最大で500haほどの範囲を遊動します。

リスザルのなかまは季《き》節繁殖《せつはんしょく》動物であり、繁殖できるタイミングは1年のうちに数カ月しかあ

リスザルの島が夏に静かな理由は…。

日本モンキーセンター（以下、当センター）では、『リスザルの島』という木々が茂った森の中でボリビアリスザルを放し飼いにしています。まわりが池で囲まれているので、泳ぎが苦手なリスザルは外に出ることができませんが、来園者のみなさんは、橋を渡ってこの中に入ることができます。島に入ると、リスザルたちが樹上を駆け回り、まるでアマゾンの森の中でサルを探しているような気分になります。夏になるとあちこちでセミがうるさく鳴きますが、このリスザルの島の森の中だけは静まりかえっています。理由は、昆虫が大好物のリスザルたちがセミを捕まえて……。

昆虫を捕まえて
食べているところ。

ブラジル・マナウスにて撮影。果実を食べている野生のコモンリスザル（上）と、木の下で待ちかまえて、リスザルが落とした木の実を食べるウサギアグーチ（下）。

森の中の動物たちのかかわり

南アメリカの森の中で、何度か野生のコモンリスザルを観察したことがあります。ブラジルのマナウスの森では、木の上のリスザルの群れを観察していると、その真下の地面にウサギアグーチ（*Dasyprocta leporina*）というげっ歯類（ネズミのなかま）がみつかることがよくありました。アグーチは、リスザルが木の上から落とした果実や葉っぱを食べようと待ちかまえていて、リスザルを追って移動しているのです。自然の森では、このように、いろんな動物たちがお互いにかかわりあいながら生活しています。当センターでも、自然に近い『リスザルの島』の環境を活かして、動物たちのそういった暮らしぶりを展示したいという夢をもっています。

りません。ボリビアリスザルのオスは繁殖期に体重が増え、攻撃的になります。妊娠《にんしん》期間は5カ月ほどで、通常1頭の子を出産します。赤ちゃんと血縁のある母親以外のメス（姉やおばなど）が赤ちゃんを預かって育児に参加する、『アロマザリング』と呼ばれる行動が見られます。2歳半くらいまでには繁殖可能になり、以後およそ2年間隔で出産します。正確な寿命については調べられていませんが、動物園などの飼育下では20歳を超えると高齢による衰えを感じます。

日本モンキーセンター

〒484-0081
愛知県犬山市犬山官林26
TEL：0568-61-2327

文・写真：綿貫宏史朗

No. 04

アメリカ大陸にすむなかま ▼

アメリカビーバー

泳ぎが得意！ダムを作る動物

アメリカビーバー（*Castor canadensis*）は、哺乳綱げっ歯目ビーバー科ビーバー属の動物です。現在、ビーバー科はアメリカビーバーとヨーロッパビーバーの２種で構成されます。

アメリカビーバー（以下、ビーバー）は北極圏〜メキシコ北部までの北米大陸に広く分布します。全長110cm程度、体重はげっ歯類で2番目に重く、11〜30kg程度です。毛色は深い栗色で、水中では黒くみえます。

水生生活に適した流線型の体で、耳は短く、後肢《こうし》に水かきがあります。4足とも5本指で、後肢の第2指の爪は2つに分かれ、毛づくろいで櫛《くし》のようにつかいます。大きく頑丈《がんじょう》で一生のびつづける門歯《もんし》は、エナメル質の外層とやわらかい内層をもち、内側のみが削れて鋭く保たれます。また、タイヤのような質感の黒く平らな尾で、水面をたたいて仲間に危険を知らせたり、泳ぐときに向きを変えたりします。毛は、表面はツルツルで

飯田市立動物園の方が教えてくれた　マニアックなお話

特別な『ダム作り』

巣材を運んでいるところ。

ダム作りは、ビーバー固有の行動です。ダムを作ることで、水が少なくなる夏でも一定量の水を貯めておけるため、水深を確保して敵から身を守ることができます。また、冬に備えて巣穴近くの水中に食べものを蓄えます。冷たい水中に貯蔵することで鮮度が保たれ、栄養価が維持されます。

ダムは小枝、石、根、草、泥などさまざまな巣材をつかい、川をさえぎって大量の水をせき止めて作ります。まず大量の木の枝を切り出し、川底の最も深いところに置きます。並べた枝を泥や石でおおい、補強して積み重ね、堤防を作ります。堤防が高くなるとせき止めた水が川岸にあふれ、さらにその両側に堤防を作り、幅を広げていきます。世代を超えて継続的に利用され、幅800m・水深2mを超える巨大な堤防も発見されています。

ダムの中には、巣とは別に木の枝・泥などを盛った上陸場所がいくつか作られ、見張りや日光浴につかわれます。また、ダムの一部に木の枝、幹、石や泥を積みあげ、さらに木の枝を積み重ね、球状の巣を作ります。巣の床は最高水位より10cmほど上にあり、崩れないように泥と小枝で固められます。巣は一般的に高さ60cm、直径2mほどが多く、壁の厚さは60cmほどになり、壁はさらに泥で頑丈に固められています。

巣の上部は部分的に薄く、通気口と出入り口を兼ねます。水中にある入り口は水面から50cmほど下に2カ所あることが多く、敵の侵入を防ぎ、木の枝を運びやすいつくりになっています。巣は気密性を備え、寒い日でも温かく快適で、すみかが凍結する危険も防いでいます。また、ビーバーは巣の外へ出て用を足すので巣は清潔に保たれています。

巣の外観と、巣の中。

水をはじくかたい毛、内側は皮膚《ひふ》への水の侵入を防ぐふわふわで密集した短い毛の2層で、毛づくろいで毎日整えます。また、鼠径部《そけいぶ》から出る油のような分泌物《ぶんぴつぶつ》を全身に塗り、水をはじきやすく保ちます。

げっ歯目でビーバー類に特徴的な点として、糞《ふん》、尿《にょう》、精子・子どもを総排出腔《そうはいしゅつこう》から出し、交尾もこちらで行います。雌雄の外見上のちがいはなく、オスの陰茎骨《いんけいこつ》をレントゲンで撮影して判別します。

この総排出腔の左右にある香嚢《こうのう》からは独特な香りの分泌液を出します。『カストリウム（海狸香《かいりこう》）』と呼ばれ、皮革のような香りで、動物性香料として使用されていましたが、現在は合成香料に置き換えられています。オスはそれをさまざまな場所に擦りつけてマーキングします。

ビーバーの暮らし　春夏秋冬

飯田市立動物園（以下、当園）がある飯田市は最も暑いと36度、寒いとマイナス７度くらいで、年間の寒暖差が大きな場所です。ビーバーは比較的暑さに強いですが、野生ではマイナス10度くらいの場所にも生息するので、寒さにはもっと強いようです。

冬が繁殖《はんしょく》期のビーバーは、冬を迎える準備で活発になります。当園でも、冬の方が長く活動します。春や夏は遅ければ17時ごろに起き、夜中にご飯を食べて朝方には眠っていたりしますが、秋になるにつれて起床時間が早くなり、冬は10時ごろに起きます。ビーバーを見に来る際は、寒い冬をおススメします！　ちなみに、SNSでお腹をもみほぐし、掻《か》いているようなビーバーの行動がバズりましたが、これは脂肪を気にしているわけでも、痒《かゆ》いわけでもなく、丁寧な毛づくろいです。長時間水中にいるビーバーにとって、毛の流れを整えることはとても大事なのです。

巣作りも大切な運動

自分で体重計に
乗ってもらいます。

当園のビーバーも巣を作ります。展示場の土や草、石、食べ終えた枝など、さまざまなものを巣に運び、手前の土を盛り上がらせてフタのようにします。１本10 kg以上はあるような大きな木もどんどん運ぶ姿は圧巻です。周辺の巣材がなくなる、またはあらかた巣が完成すると巣作りの行動が減るように感じられるため、ビーバーが寝ている日中に、飼育員が巣からこっそり巣材を引っ張り出して遠くへ運ぶ、巣壊しをしています。少しかわいそうですが、動物園での退屈な時間が減るように、また運動不足にならないように考えての行動です。しかし翌朝には巣がもとどおりになっていることが多く、その底力に驚きます。

体調管理にも力を入れています。以前は、近づいてきたビーバーをかごに入れ、もち上げて体重を量りましたが、ストレスを減らすため、現在、自ら体重計に乗ってくれるようにトレーニング中です。また、現在飼育している２頭は高齢なので、血液検査など、体調管理のためのトレーニングをはじめていきたいです。

当園の『ハナコ』と『ガジコ』。

飯田市立動物園

〒395-0046
長野県飯田市扇町33
TEL：0265-22-0416

文・写真：伊藤崇、勝山友梨子

草食性で、木の皮や枝、葉、草、藻類《そうるい》など、季節によっていろいろなものを食べます。とくにポプラ、ヤナギ類を好みます。

妊娠《にんしん》期間は3～4カ月程度で、1回で1～6頭の子を産みます。1ペアのおとなと子どものコロニーで生活し、子どもは生後1カ月ごろ固形物を食べ、母親について巣を出ます。離乳は6カ月ごろで、2歳ごろまで母親と過ごし、3歳ごろにひとりだちします。寿命は10～15年で、飼育下だと25年生きた例もあります。

No. 05

アメリカ大陸にすむなかま ▼

カピバラ

おっとりのんびりな癒《いや》し系 50kgを超えるネズミ

カピバラ（*Hydrochoerus hydrochaeris*）は、哺乳綱げっ歯目テンジクネズミ科カピバラ属に分類される世界最大のネズミの仲間です。

カピバラはパナマ～ブラジル、アルゼンチン北東部にかけての中南米を中心とした、川や湖などの水辺に近い場所に生息しています。ブタの仲間ではありませんが、このような生息圏から、中国では『水豚』と表記します。泳ぎが得意で、指の間には水かきもあり、天敵であるジャガーなどの肉食動物が近づいてきたら、水の中に飛び込んで逃げます。

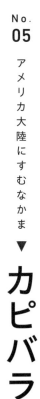

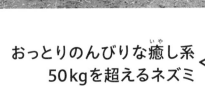

世界最大のネズミというだけあり、体重は約35～64kg、体長は約106～134cm、およそ日本で想像できるネズミのイメージの大きさを超えています。尾は痕跡《こんせき》程度にしかなく、毛色は淡い茶色で、毛質はごわごわとしてかたいです。

寿命は野生下では6年ほど、飼育下では10年ほどです。ネズミの

伊豆シャボテン動物公園の方が教えてくれた マニアックなお話

元祖『カピバラの露天風呂《ろてんぶろ》』

1982年当時の、
元祖『カピバラの露天風呂』。

伊豆シャボテン動物公園（以下、当園）でいちばん人気の動物が、まさしくカピバラです。その理由はまぎれもなく『カピバラの露天風呂』にあります。国内で最初にカピバラがお風呂に入る様子を公開したのが当園で、いまでは多くの動物園が“カピバラの湯”を行い、じーっと動かずのんびりお湯につかる、カピバラのほほえましい様子が話題になっています。国内初である当園は『元祖』と銘《めい》打って公開しており、『伊豆の冬の風物詩』として、開始初日やゆず湯の期間などに多くの報道陣が撮影に訪れます。

1982年から開始した『カピバラの露天風呂』の広い認知による、カピバラの知名度の高まりに、当園が深くかかわることができたのは感慨深いものがあります。

小石カリカリ行動のわけ

小石をカリカリしているところ。

のんびり生活しているカピバラの行動を見ていると、たまにずーっと口をモグモグさせていることがあります。何かを食べているわけではなく、まるでガムを噛《か》んでいるかのようで、そのうち口から小石がポロっと落ちてきます。そうです、カピバラは小石を口の中に含《ふく》み、カリカリと噛んで歯を削っていたのです。

げっ歯目のカピバラは、門歯《もんし》がのびつづけるという特徴があります。のびる門歯を削るため、当園のカピバラはいつのまにか“小石カリカリ”をするようになりました。野生の中でもおなじような行動をするかはわかりません。野生ではさまざまなかたさの植物や木の皮なども食べるでしょうから、普段の生活でうまく歯が整うのかもしれません。

仲間だけあって多産で、一度の出産に2～8頭生まれ、順調に繁殖《はんしょく》が進んだ場合は6カ月ごとに出産します。雌雄で外見の大きなちがいはありませんが、性成熟に達したオスには鼻の付け根に『モリージョ』と呼ばれる盛り上がった部分ができ、そこの皮膚《ひふ》から出た分《ぶん》泌物《ぴつぶつ》をにおいづけにつかいます。

食性は草食性で、水辺の草、木の葉を食べます。飼育下では牧草の青草、干し草、キャベツ、リンゴ、サツマイモ、ニンジン、桑《くわ》の葉、イネ科の草、草食動物用の固形飼料などを与えています。

『カピバラの露天風呂』誕生秘話

『鬼ゆずの湯』に入っています。

カピバラの生態を考えてみると、お風呂好きになることは理解できます。カピバラのおもな生息地の南米・ブラジルなどは熱帯雨林気候で、年間を通して温暖な地域です。それにくらべると、日本の冬はカピバラにとってだいぶ寒いと感じるでしょう。冬には飼育環境を整えるために獣舎に暖房をかける必要があり、当園では赤外線温熱電球や温水パイプを床に配管した床暖房設備があります。

『カピバラの露天風呂』の誕生は、そんな寒さが苦手なカピバラの行動に端を発しています。当時、飼育員がお湯で獣舎を清掃していると、少しお湯がたまったあたりにお尻をつけて動かなくなるカピバラが続出しました。泳ぎが得意なカピバラも、冬は冷たい水には入りません。そこで「カピバラが喜んで入るにちがいない」と岩を組んでお風呂を作り、『カピバラの露天風呂』がスタートしました。カピバラは家族のまとまりが強く、群れで行動します。休息時にはじーっと仲間どうしくっついて、だんご状態になることもしばしばです。このような生態もあり、家族全員が長時間お風呂にのんびりつかる様子が見られるわけです。

マッサージ大好き　おっとりな性格

カピバラの人気の理由は、露天風呂に入る姿が話題だからというだけではありません。当園では、カピバラの展示空間に来園者が入ることができます。カピバラはおくびょうな動物ですが、群れが安定していれば、時間をかけて人に慣れてきます。

また、飼育員にとって、カピバラとのふれあいはすごく大事なものです。飼育している動物の体を飼育員が容易にさわれることは動物の健康管理上非常に有益なことで、獣《じゅう》医《い》師《し》の触診《しょくしん》で動物に大きなストレスをかけないことにもつながります。

ポイントとなるのが、エサとマッサージです。体が大きいだけに食欲は旺盛《おうせい》ですから、まずカピバラにとって嬉しい時間であるエサをあげるときにふれあいに慣れてもらいます。飼育員ができるだけカピバラに寄り添い、近くでじっとするところからはじめ、体をさわっても気にしないように少しずつ慣らしていきます。さわれるようになれば、お尻のあたりをゴシゴシと少し強めにマッサージします。カピバラはこのマッサージがとても気持ちがいいようで、ゾクゾクするのか、毛が逆立ってきます。そのうち体を横に倒して「もっとこすって」とお腹を出すようになってしまうのです。カピバラのこんなおっとりとした性格も、動物園の人気者になった理由です。

伊豆シャボテン動物公園

〒413-0231
静岡県伊東市富戸1317-13
TEL：0557-51-1111

文：中村智昭
写真：伊豆シャボテン動物公園広報部

だんご状態のカピバラ。家族で集まります。

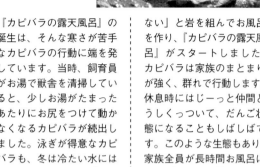

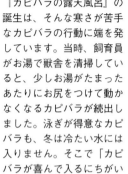

No. 06

アメリカ大陸にすむなかま ▼

オグロプレーリードッグ

鳴き声は犬のよう？ 穴掘りが得意な動物

オグロプレーリードッグ（*Cynomys ludovicianus*）は、哺乳綱げっ歯目リス科プレーリードッグ属に分類される動物です。

オグロプレーリードッグ（以下、プレーリードッグ）は北アメリカの標高700～1700mの草原（プレーリー）に分布します。穴を掘る能力に長け、地下に長くて長さ30m以上、深さ4～5mになる広大な巣穴を作って暮らします。巣穴は複雑な構造で、トイレや寝室などの部屋や、複数の出口をもちます。体重はオス約850～1675g、メス約705～1050gです。

げっ歯類の仲間で、発達した大きな門歯《もんし》がのびつづけます。毛色は全体的に茶褐色《ちゃかっしょく》で、腹部は淡い黄褐色《おうかっしょく》～白色、短い尾の先端から半分ほどが黒色です。警戒や威嚇《いかく》の際に「キャンキャン」と子犬のように鳴くことから『プレーリードッグ（草原の犬）』と名付けられました。「キャンキャン」以外に

のいち動物公園の方が教えてくれた マニアックなお話

朝に弱く、さまざまな寝相《ねぞう》があります

プレーリードッグは野生では土中で暮らしていますが、当園においては再現が難しいため、プレーリードッグは寝室の大きな巣箱の中にみんなで入って寝ます。冬の寒い時期はとくにくっついて、とても愛らしいです。

飼育員にとっての毎朝の楽しみがその寝相。巣箱の中で仰向けになったり、巣箱から離れて1頭ポツンと寝たり、抱きあったりと、いろいろな寝姿がとても魅力的です。また、朝の放飼《ほうし》のときはなかなか起きず、起こさず待っているとずっと寝ていたりします。持ち上げて起こしても、少しの間ぼ～っとしていることも多く、お寝坊な動物なのかもしれません。

知っておきたい

プレーリードッグは野生では農作物などに食害をもたらしたり、畑に穴をつくり土地を使えなくしたり、穴がケガの原因となったりするため、駆除されています（オグロプレーリードッグ）。一方、野生ではプレーリードッグが牧草を適度に刈って草原が荒れるのを防いだり、掘り起こして出た土の山がほかの動物の土浴びに使われたりもします。

しかし、過度な駆除により絶滅が危惧される種もいます（ユタプレーリードッグ・メキシコプレーリードッグ）。さらにメキシコプレーリードッグはワシントン条約附属書IIに該当し、輸出には許可書が必要です。

日本では、かつてオグロプレーリードッグがペットとして輸入されていましたが、2003年、感染症法の改正で輸入が禁止されました。現在流通しているのは、国内で人工的に繁殖《はんしょく》した個体です。

も「キャッホー」、「ヒャッホー」と立ち上がりのけぞって鳴くことがあり、これは『テリトリアコール（なわばり音）』と呼ばれ、野生下だと天敵が去り安全になったことを意味します。飼育下だと突然の物音への驚きや喜びを示すとされています。

寿命は8～10年です。植物の根、葉、枝葉、種子、木の実などを食べます。のいち動物公園（以下、当園）ではソルゴー、オーツヘイ、チモシー、アキニレ、サツマイモ、ニンジン、リンゴ、小松菜、キャベツ、クリ（季節の食べもの）を給餌《きゅうじ》しています。

発情時期にはオスの陰嚢《いんのう》が膨らみ、メスは膨らまないので、そこで雌雄を鑑別できます。発情時期以外では、肛門と生殖突起《せいしょくとっき》の距離が長い方がオスで、短い方がメスと見分けます。

もっと ディープに!

持続的な繁殖に向けての取り組み

当園では2022年11月の時点でオス5頭、メス7頭の合計12頭が暮らしています。実は2022年3月に5年ぶりに繁殖が成功し、8頭から増えたのです。

2017年以降、当園ではプレーリードッグの繁殖がうまくいきませんでした。個体の年齢を考えても、いまを逃すと今後の繁殖は厳しいと考えられました。そのため、繁殖が成功した園館に直接方法を聞き、少しアレンジして繁殖を行い、ようやく成功しました。生まれた子どもをはじめて見たときの感動は、いまでも忘れられません。

現在、展示場は賑やかになりました。子どもたちはおとなとおなじくらい大きくなり、きょうだいどうしでじゃれあうほほえましい姿も見られます。これからも繁殖を途絶えさせないよう、力を入れて取り組みたいです。

プレーリードッグ珍事件!

ある日、飼育員がプレーリードッグの頭数を確認すると、1頭が見当たりません！ 展示場をくまなく探してもどこにもいません。「もしかして」と展示場を掘り返すと、地中に横2m、深さ約10～30cmほどの巣穴があり、その奥に1頭が埋まっていました。本来地中で暮らす動物ではあるものの、念のため検査を行い、問題なかったので、胸を撫で下ろしました。プレーリードッグは日中、毎日せっせと穴を掘りますが、その日だけ入り口が埋まっていたようです。

埋まってしまったプレーリードッグ。掘り返すと頭が見えてきました。

個体が生き埋めにならないよう巣穴を埋め返すのは、飼育員の重要な作業の1つです。しかし、2mもの穴を掘って個体が見えなくなる事件は1年に1～2回あるかないかです。

展示動物としての歴史

当園はプレーリードッグを開園当初から飼育しています。当園の展示場には大きな筒が3つ並んでいて、この中に入ると個体を間近で観察できるだけでなく、運がよければ一緒に並んで写真撮影もできます。プレーリードッグの展示場が園内の出入口に近い場所にあることもあり、閉園間際でも人気があります。

野生では1～4月、当園では毎年12月上旬～3月上旬ごろが繁殖《はんしょく》シーズンです。そのころにオスの発情がみられ、気性がかなり荒くなり、ほかの個体をケガさせることもあります（動物園ではオスを移動させます）。メスの発情は数時間～1日とかなり短く、それを逃すと2～3週間後に再び発情します。交尾はオスがメスの上に乗って行います。また、雌雄の相性が悪いとケンカのおそれもあります。妊娠《にんしん》期間は約35日とされ、当園では37日です。1回に産む子どもの数は約2～5頭です。

のいち動物公園

〒781-5233
高知県香南市野市町
大谷738
TEL：0887-56-3500

文・写真：林紗詠子

No.
07

アメリカ大陸にすむなかま
▼

アメリカバイソン

アフロヘアーが特徴的 群れで暮らす力強い動物

アメリカバイソン（*Bison bison*）は、哺乳綱鯨偶蹄目ウシ科バイソン属に分類される偶蹄類です。

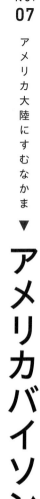

アメリカバイソンは、北アメリカやカナダ、メキシコに生息しています。夏では上半身に体毛が見られますが、冬には下半身もふくめた全身がたくさんの体毛におおわれます。毛をかき分けても皮膚《ひふ》を見るのは難しいほど密に生え、生息地のマイナス30度の寒さに耐えることができます。

頭が大きく、全体的に重量感のある体つきです。オスにくらべてメスは少し小さめの体格で、岩手サファリパーク（以下、当園）の個体ではオスが500～1000kg、メスが300～500kgです。メスよりオスの頭の方が大きく、アフロヘアーのように生えている毛の量も多いです。大きな頭を支えるように、肩から背中部分にかけて筋肉が発達して盛り上がり、体の後ろ

岩手サファリパークの方が教えてくれた マニアックなお話

薬をのむためのトレーニング

アメリカバイソンが体調不良などで飲み薬やサプリメントが必要となったとき、動物園では、固形飼料や野菜類と一緒に与えています。しかし、どんなに必要なものでも、野生動物で警戒心が強いアメリカバイソンが、見慣れないものを素直にのみ込んでくれるのはまれです。

そのため、当園では薬をのむときに与える固形飼料を普段から食事に交えて、トレーニングを行っています。毎日繰り返しおなじ食事を行うことで、「この食べものは食べて安全、おいしいもの」と覚えさせることができ、警戒心を緩めてもらうことができます。

まずは群れ全体に固形飼料を与えます。そして、群れが固形飼料に警戒しなくなったころ、個体ごとに分けて与えはじめます。これにより飼育員が個体それぞれの性格なども把握することができます。最終的に飲み薬やサプリメントを与えるときも固形飼料の中に詰めるようにして、確実に投薬を行えるようにしています。

飼料に穴を開けて給与します。

知っておきたい

アメリカバイソンは19世紀はじめには数千万頭存在し、アメリカ先住民はアメリカバイソンとともに暮らしていましたが、アメリカ先住民制圧のためや、毛皮や狩猟目的の乱獲で、数百頭に激減しました。1902年にアメリカ政府の保護育成政策により狩猟が禁止され、保護・野生復帰の取り組みが行われ、頭数は少しずつ回復しています。

このように、アメリカバイソンはアメリカの歴史的な象徴であるため、2016年、当時の大統領バラク・オバマ氏はバイソン遺産法（National Bison Legacy Act）を成立させ、国を象徴する動物として『国の哺乳類《ほにゅうるい》』に指定しました。現在では約13000頭の個体が保護区に生息していると推定されます。牧場飼育の個体も合わせると約50万頭が生活しています。IUCNのレッドリストでは準絶滅危惧種（NT）として指定されています。

は低くなっています。雌雄ともに短い上向きの角をもっています。

子どものときは首の筋肉の盛り上がりはなく、当園の個体では体重は15～30kgで、毛色は明るい褐《かっ》色《しょく》です。角や頭部には毛も生えておらず、愛くるしい姿をしています。徐々に茶褐色から黒色が混ざり、頭部の毛色も黒っぽいアフロヘアーへ移行し、おとなの頑丈《がんじょう》な体になります。

おもに草を食べ、冬季は樹木の皮や雪を頭でかき分けて、下にある草を食べます。ウシの仲間なのでウシとおなじく胃袋は4個あり、反芻《はんすう》行動をします。反芻行動とは、食べものを第一胃に入れ、それをまた口に戻して噛《か》みなおし、これを繰り返すことです。これにより、食べものの発酵を進め、栄養をたくさん取り込むことができます。胃

群れはみんな仲良し…とはいかない

群れで生活するアメリカバイソンですが、「みんな仲良く、ケンカせず」とはいきません。当園にはオス6頭がいますが、人のように個性豊かで、性格なども1頭1頭ちがうので、気が合う・合わないもあり、不要なケンカが起こらないようお互いに少し距離を取って生活しています。

そんな彼らが全頭集合するのがごはんタイム。何も考えずに食事をあげてしまうと力の強い子たちが独占し、力の弱い子などは食べることができません。そうなると体調を崩したり、ケンカが増えたりする原因にもなります。

そのため、食事場所の距離を離し、隠れて食べられるように障害物なども設置し、必ず数カ所に分けて与えています。場所の数や配置、距離は、普段の彼らの関係性を見て担当者が試行錯誤しながら決め、みんながしっかりと食べられるようにしています。

わんぱくになりすぎないために

アメリカバイソンの子育ての最中に、母親や赤ちゃんに体調不良などの異常があった場合、人の手で赤ちゃんを育てる人工哺育を行います。ミルクの濃さや体調に十分気をつけて実施します。赤ちゃんが育ち、なついてくれるのは「かわいい」の一言です。

しかし、そうやって飼育員に甘えてくれる赤ちゃんも、将来は軽自動車サイズまで大きくなります。大きくなった後に、飼育員に力いっぱい甘えられると事故につながるため、赤ちゃんには力加減や、群れで生活するルールを学んでもらう必要があります。残念ながら人の飼育員が教えるのは難しく、当園で暮らす別の動物たちの力を借りることがあります。当園では、生まれた赤ちゃんは同年代でおなじウシ科のヤクと過ごし、じゃれたりケンカしたりして、相手との接し方を学び合ってもらいました。将来、おとなの群れへと入る準備を行うとともに、飼育員との距離感を理解することで、飼育員・アメリカバイソンともに安全に過ごせるようにしているのです。

おなじウシ科のヤクと過ごすことは、アメリカバイソンと飼育員のどちらのためにもなります。

岩手サファリパーク

〒029-3311
岩手県一関市藤沢町
黄海字山谷121-2
TEL：0191-63-5660

文：塚越麻美、田邉渉、金内康雄
写真：田邉渉

のほかに特徴的なのは腎臓の形で、多くの哺乳類の腎臓は表面が滑らかなソラマメ型ですが、アメリカバイソンの腎臓は『腎葉《じんよう》』という小さな球体が集まり、1個になっているので、表面が凸凹しています。

繁殖《はんしょく》時期は夏～秋にかけてで、オスは「ゴーッ」と大きなうなり声をあげ、地面に体を叩くように砂浴びをし、メスを巡ってオスどうしで頭をぶつけあい、優劣を決めます。メスの妊娠《にんしん》期間は平均285日で、ほとんどが1回に1頭を出産します。子育てはメスが行います。

No.
08

アメリカ大陸にすむなかま ▼

アルパカ

人の暮らしを支えてきた 美しい毛をもつ 高原の動物

アルパカ（*Lama pacos*）は、哺乳綱鯨偶蹄目の、ラクダ科ラマ属に分類されています。『ワカイヤ』と『スリ』の２品種があり、それぞれ毛質が異なりますが、ほとんどはワカイヤで占められています。

アルパカは、南米のアンデス高原で家畜として飼育されてきました。おなじように南米で飼育されるラマに似ていますが、アルパカの体重は55～90kgで、ラマの半分程度です。首や四肢《しし》は細長く、毛刈りのあとにはとくに細さが際立ってみえます。寿命は、飼育下では15～20年です。雌雄間に体格の差はありません。オスの方がメスより犬歯《けんし》が大きく、オスの下腹部には陰嚢《いんのう》が垂れ下がって見えますが、毛が長いときには隠れて見えません。

　飼料は、草や干し草のほか、木の葉があれば食べることがあります。動物園などではミネラルをふくんだサプリメントを与えています。上の前歯（門歯《もんし》）がなく、かたい歯茎と下の前歯をまな板と包

アルパカの熱中症対策!?

アルパカの温かい毛は寒さをしのげますが、夏の暑さには耐えきれず、熱中症になることがあります。そのため、ときわ動物園（以下、当園）では毎年気温が高くなる５月ごろから、１日数回水浴びをさせて体を冷やします。おなじ獣舎のヤギは体が濡れることを非常に嫌いますが、アルパカはホースを見るとかけよってくるほど水浴びが大好きです。

また、当園では年に一度、６～７月に熱中症対策の一環として毛刈りを行っています。毛刈りは、アルパカを横に倒して保定《ほてい》し、専用の大きなバリカンで行います。その際に、のびすぎた歯や足の爪をカットしたり、健康チェックのために採血したりもします。ちなみに、刈り取った毛の量は全部で１頭あたり３～４kgにもなります。当園では刈ったアルパカの毛をきれいに洗浄したあと、コースターやフェルトボールのキーホルダーを作るワークショップなどを開催しています。

毛刈り直後は体形がわかりやすいアルパカも、毛がのびていくにつれ、外見からは体形がわかりにくくなります。そのため、現在当園では１～２週間に１回程度、体重測定を行っています。大きな体重計にアルパカ自ら乗ってくれるように練習しました。

飼育員がもつホースにかけよってきます。

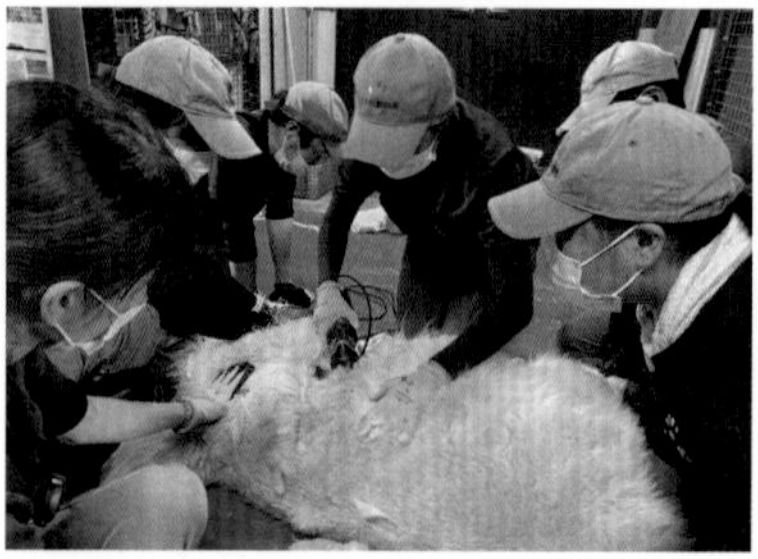
何人もの飼育員で保定を行って、毛を刈っていきます。

すべての毛を刈ると、こんなに細くなります！

丁のようにつかって草を切り、さらに奥歯（臼歯《きゅうし》）ですりつぶして食べます。歯茎と下の前歯はエサをくわえたり、拾ったりするときにもつかいます。胃は3つに分かれていて、食べものを胃から口の中へ戻して繰り返し咀嚼《そしゃく》する『反芻《はんすう》』を行うことで、効率よく消化できます。群れの個体はみな、決まったおなじ場所で尿《にょう》と糞《ふん》を排泄《はいせつ》します。イヤなことや不満があるとき、ケンカのときにはツバを吐きます。ツバといっても唾液《だえき》ではなく胃の内容物なので、とても臭いです。

アルパカのコミュニケーション方法はさまざまで、耳や尾、姿勢などで警戒や優位性を示したり、危険を感じた際には『アラームコール』と呼ばれる高音の警戒音を発することもあります。

ウサギや猫とおなじように、ア

世界中で活躍するアルパカ

アルパカは、一説には南米のアンデス高原で原種のビクーニャから家畜化されたと考えられています。インカ帝国の時代から数千年にわたって人に飼育され、長くのびる毛を刈り取って布にするほか、食肉や、燃料としての糞の利用もされていました。

アルパカの毛色には白、ベージュ、茶、グレーなど、20種類以上の系統があるといわれています。毛はきめ細かく光沢があり、やわらかさ、軽さ、耐久性、保温性に優れ、世界中で衣類や毛布、美術品などに幅広く利用されています。

園のワークショップでは、アルパカの毛を使ったかわいい作品ができあがりました！

出産は午前中に多い

アルパカは一夫多妻制で、オスは5～10頭ほどのメスとハーレムを形成します。メスは生後12～14カ月、体重が40kgに達すると性成熟します。オスは2～3歳程度で性成熟します。

アルパカの出産の90％以上が午前7時～午後の1時までに行われ、夜ではほとんど見られません。これは、敵から身を守るためや外気温などの理由で安全な時間に子どもを産むために適応したと考えられています。生まれたときの子どもの体重は5～11kg程度で、生まれてから1時間ほどで立ち上がって母乳を飲みます。離乳する生後5～6カ月まで母親と一緒にいます。

アルパカの妊娠《にんしん》は行動でもわかる

アルパカが妊娠しているか見るための検査として、超音波検査（エコー検査）があります。しかし、アルパカの妊娠は行動でもわかることがあります。どんな行動かというと、オスがメスに興味をもって近づいても、メスがすでに妊娠している場合はオスにツバを吐くことがあるのです。この拒絶反応によって、妊娠が続いているか定期的に観察することもできます。

自ら進んで体重計に乗ってくれます。

ときわ動物園

〒755-0003
山口県宇部市則貞3-4-1
TEL：0836-21-3541

文・写真：木村嘉孝、田丸正枝、對馬隆介、森尚子

ルパカは交尾をすることで排卵します（交尾《こうび》排卵動物《はいらんどうぶつ》）。メスは適切な環境であれば1年を通して子どもを産むことができます。妊娠期間は340日程度ですが、320～380日と幅があります。通常は1回で1頭の子どもを出産します。

2021年12月31日時点では、国内では北海道から九州までの20園館で60頭あまりが飼育されているほか（日本動物園水族館協会）、アルパカ牧場も数カ所あり、日本各地でアルパカを見ることができます。

No.
09

アメリカ大陸にすむなかま ▼

シンリンオオカミ

コミュニケーション能力が高い、個性豊かで賢い動物

シンリンオオカミ（*Canis lupus lycaon*）は、哺乳綱食肉目イヌ科イヌ属に分類されているイヌの仲間です。

シンリンオオカミの生息域は、アメリカ合衆国のミネソタ州からカナダのケベック州南部〜セントローレンス湾に至る、五大湖地域の北東部周辺です。森林や平野、山岳地帯などさまざまな環境で生きています。現在、IUCNのレッドリストでは絶滅危惧種などの指定はありませんが、森林の開発などで生息地は減少し、アメリカ、カナダでは保全対象となっています。

平川動物公園（以下、当園）のデータでは体重は30〜40kg程度で、メスよりオスの方がやや大きいです。野生での寿命は5〜15年ほどで、一般的には野生下よりも飼育下の方が長生きです。毛色は白っぽいものから灰色、黒っぽいものまでさまざまです。夜行性ですが

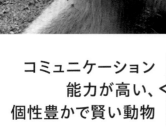

平川動物公園の方が教えてくれた マニアックなお話

『一匹狼』の語源はオオカミの生態から？

孤独を好む人や孤高の人を『一匹狼』と言いますが、これはオオカミの生態に由来する言葉です。

オオカミは成熟した雌雄とその家族からなる『パック』と呼ばれる群れを形成します。そこで生まれた子どもは、大きくなると自らの子孫を残すため、もとのパックを離れて新しいパックに加わったり、新しくペアを形成したりすることがあります。それまでは１頭で生活するため、これが『一匹狼』の語源になっているようです。『一匹狼』という言葉には好んで孤独に身を置くイメージがありますが、オオカミの場合は生態上、しかたなく１頭になるようですね。

平川動物公園におけるシンリンオオカミの繁殖《はんしょく》

当園では2022年２月下旬ごろ、シンリンオオカミのオスの『ショウ』とメスの『ミナ』の交尾を確認しました。シンリンオオカミの妊娠《にんしん》期間はおよそ２カ月で、本来地面に掘った穴や洞窟《どうくつ》などで出産します。当園では確認のため、また治療や検診を行う可能性も考慮し、ミナを４月20日に巣箱のある寝室に隔離して出産の準備をしました。そして４月28日、５頭の子どもが生まれました。

生後２日の子どもは毛色が真っ黒です。５頭ともミナの乳を飲もうと必死です。

子どもたちの成長

疲れて日除けの屋根の上で休憩するミナ。毎日の懸命な子育てには頭が下がります。

ミナは一度出産経験があったからか落ち着いており、生まれた子どもを丁寧に舐めるなど、母親らしい様子が見られました。授乳は巣箱で行われ、食事などの時間以外は、ミナはしっかりと面倒をみていました。子どもたちは２週間ほど巣箱で過ごし、目が開くと自力で巣箱から出るようになりました。このころ垂れていた耳も立ち、ミナが吐き戻した馬肉を口にする姿も確認でき、生後27日

日中も比較的よく活動し、『パック』と呼ばれる群れで行動します。狩りも群れで行い、瞬発力はあまりない代わりに持久力に優れ、長時間獲物を追いかけることができます。肉食性で、野生ではシカやイノシシ、ウサギなどを捕まえて食べます。当園では、馬肉や鶏頭、ウズラやヒヨコなどを与えています。

個体ごとに性格がちがい、個性豊かです。また、相手に服従するためにお腹を見せたり、尻尾《しっぽ》を振って喜んだりとボディランゲージも多彩で賢いです。ほかにも遠吠えや威嚇《いかく》などの鳴き声を出す、尿《にょう》を周辺物にかけてにおいを残すなど、さまざまなコミュニケーション方法をもっています。近年ではオオカミの仲間はアイコンタクトでやりとりしている可能性も指摘されています。

目にははじめて体重測定と雌雄判別を実施しました。５頭の体重は平均3.4kgで、オス１頭、メス４頭とわかりました。

そのあとも生後43、64、92日目に体重を測定し、平均5.8kg、8.6kg、12.7kgと順調に成長していきました。母子を刺激しないよう、生まれたときの体重は計れませんでしたが、一般的には約500gだといわれているため、３カ月ほどで体重が30倍近くに増えています。「数日で体がひとまわり大きくなった！」と感じることも多く、その成長速度には驚かされました。

生後27日目。はじめての測定ではみんな暴れることなくじっとしていました。

子育てはみんな大変

子どもたちは生後56日目にはじめて屋外展示場に放飼《ほうし》されました。最初はとまどっていましたが、すぐに草を噛《か》んだり土を掘ったりして遊びはじめました。２時間ほどで展示場にも慣れ、そのあとは疲れたのかぐっすり眠っていました。

子どもたちが活発になれば、親の負担も大きくなります。オオカミは基本的に両親が子を育てますが、ショウにくらべると、ミナの方がより懸命《けんめい》に子育てしているようにみえました。ミナはエサを子どもたちに吐き戻して与えていましたが、子どもたちがあまりに元気で、疲れて屋根に避難《ひなん》することもありました。

生後56日目に、はじめて展示場に出たときの様子。ドキドキしながらも興味津々です。

現在、子どもたちは親と変わらない大きさに成長し、展示場を元気に走り回っています。兄弟や親子でじゃれあう様子も見られます。展示場の草木は子どもたちのおもちゃにされ、すっかり枯れてしまいました。嬉しいような悲しいような……。今後、子どもたちは繁殖のために他園に移動したり、当園に残り次世代を引っ張る存在になると思います。どんな形であれ、元気にオオカミとしての生命を全うしてほしいと願うばかりです。

生後90日目。だいぶオオカミらしい風貌になってきました。

知っておきたい

昔は日本にも生息していたオオカミ

実は昔、日本にも本州、四国、九州に『ニホンオオカミ』というオオカミが生息していました。シンリンオオカミより小柄で、体重は約15kg、中型犬程度の大きさだったといわれています。

オオカミは家畜被害が多い西洋では悪者扱いされることが多いですが、日本では田畑を荒らすイノシシやシカを食べてくれる貴重な存在で、神聖な動物として昔から崇められていました。しかし明治時代以降、西洋犬の導入に伴った狂犬病《きょうけんびょう》や犬ジステンパーウイルス感染症などの病気の蔓延《まんえん》、人による駆除、森林の開発によるエサとなる動物やオオカミ自身のすみかの減少などを理由に、1905年に奈良県で捕獲された個体を最後に絶滅したと考えられています。

平川動物公園

〒891-0133
鹿児島県鹿児島市平川町5669-1
TEL：099-261-2326

文・写真：松元悠一郎

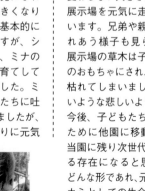

動物園の社会的役割

動物園の社会的役割としてよく知られているのは、①種の保存、②教育（環境教育）、③調査・研究、④レクリエーションの4つです。単純明快に動物園の機能や責務をあらわしていると思います。

地球上から消え失せようとしている野生動物種を飼育下で守り続け、いずれ生態系の健全性が保証された暁《あかつき》には、もとの生息していた地へ戻す役割は重要です。その生態系保全の大切さを来園者に向けて多様な方法で発信することも行うべきですし、その基盤となる野生動物の調査や研究も行わなくてはなりません。

レクリエーションは、単にアミューズメントやエンターテインメントを表してはいません。それだけのためなら、もっと楽しそうなレジャー施設がありますから。動物園でのレクリエーションは、地球環境保全のために自らの生き方を再創造（recreation）する意味が込められています。動物園を訪れて、これまでのライフスタイルを考え直す機会になればと私たち動物園関係者は願っているのです。

これら4つの役割が誰によっていつごろに提唱されたのかについては諸説ありますが、国内のみならず国外の動物園でも広く認識されていることから、基本的理念として共有されているのは確かでしょう。

動物園が地域の観光や緑化にも貢献?!

ただ、動物園がもつ社会的役割はこの4つだけではありません。動物園が所在する地域振興のため、つまりローカル・ツーリズムに貢

子どもたちが野生動物を身近に感じ、知ることのできる動物園は、センス・オブ・ワンダー（Sense of Wonder）を育む場ともなっています。

献しているのは確かですし、園内の緑が都市部のカーボンニュートラル（地球上の温室効果ガスの排出量と吸収量を均衡させること）の機能をもつことはもっと認識されてもよいのではないかと考えています。

さらに、1995年に発生した阪神・淡路大震災を経験した身としては、動物園が都市公園法の中で広域防災拠点にもなることの重要性を強調したいと思います。当時、私が勤めていた神戸市立王子動物園は周辺で被災した住民の避《ひ》難《なん》場所となりましたし、亡くなられた方々の緊急遺体安置所ともなりました。動物園職員は、園内の復旧に取り組みながら、被災した市民や死者への対応をしたのです。

被災（人災）で悲しく思い浮かべられるのは、ロシアに侵攻されたウクライナの動物園です。彼の地の動物園動物や動物園職員たちは、いまも艱難辛苦《かんなんしんく》の内にあります。彼らを支援するため、日本全国の動物園・水族館はJAZA（日本動物園水族館協会）を通じて来園者から寄付金を集めてEAZA（ヨーロッパ動物園水族館協会）へ送りました。元上野動物園長であった古賀忠道さんは、第二次世界大戦の経験者として「動物園は平和なり（Zoo is the peace）」という言葉を残されました。まさしく平和でなければ動物園は存在しないのですから、世界平和に貢献する社会的役割を動物園が担っているのは確かでしょう。

人工授精技術を用いて誕生した希少種のツシマヤマネコと自然繁殖《はんしょく》したマレーバク。動物園では種保全のために、飼育下野生動物個体群の維持を目的として、飼育技術の向上に努めています。

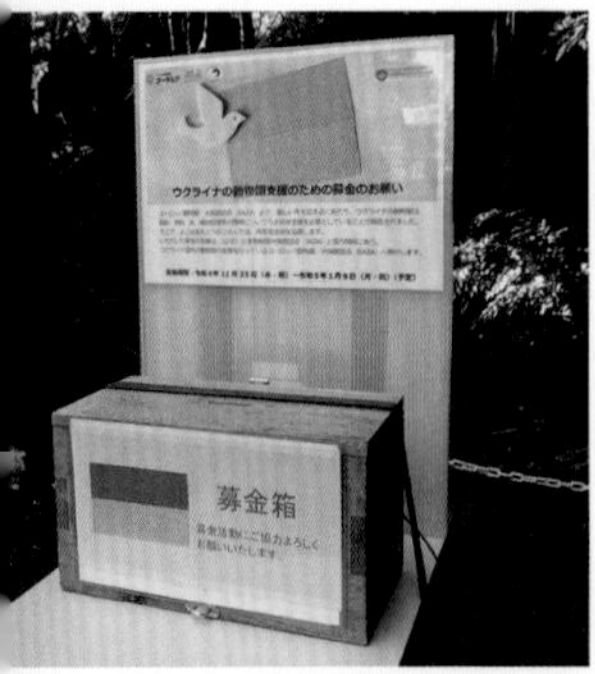

ウクライナの動物園支援のため、園内に設置された募金箱。横浜市立の動物園だけで、これまでに100万円以上が集まっています。

動物園がもつ無限の可能性

WAZA（世界動物園水族館協

会)は、2020年に新たな2つの戦略をたてました。これまで動物福祉(アニマルウエルフェア)や希少種保全を中心にしてきたのですが、これからは地球環境保全の役割を担うという指針を示したのです。この戦略のタイトルに『私たちの惑星(地球)を守る(Protecting Our Planet)』と『保全のための社会変革(Social Change for Conservation)』というタイトルをつけました。とても強い意志を感じます。横浜市立の3動物園も、この将来に向けた動物園の社会的役割を肝に銘《めい》じるため、各園の正門前に「豊かな地球を 未来へ引き継ぐために 動物園から社会を変えていく!」と書いた看板を設置しています。見てくださる来園者は多くありませんが、メモしたりスマートフォンで撮影してくれる少数の来園者がいることに明るい未来を感じています。

イギリスの動物学者であり野生生物保全のインフルエンサーでもあるデビッド・アッテンボロー氏は「地球を救うためという傲慢《ごうまん》な考えではなく、私たち人間自身を救うために地球を守ることが必要なのです。実際のところ私たちがいなくなって、自然は復元されますから」と語っています。遠い将来に人類を存続させるために、私たち動物園関係者が努力すべきことは多いでしょう。

豊かな地球を
未来へ引き継ぐために
動物園から社会を変えていく!
動物園の
4つの役割
The roles of modern zoo
1. 出会い感じる
RECREATION
2. 理解し学ぶ
RESEARCH
3. 知り伝える
EDUCATION
4. 守り続ける
CONSERVATION
公益財団法人 横浜市緑の協会

横浜市立動物園3園の正門前に設置されている、動物園の社会的役割を解説した看板(写真はよこはま動物園ズーラシアのもの)。

村田浩一

獣医師、博士(獣医学)。よこはま動物園ズーラシア園長および横浜市繁殖センター参事(2011年より)、日本大学生物資源科学部教授、日本野生動物医学会長、日本動物園水族館協会会長、国際自然保護連合(IUCN)や世界動物保健機関(WOAH)の委員等を歴任。

写真提供:よこはま動物園ズーラシア

第2章

北極圏にすむなかま

No. 10

北極圏にすむなかま ▼

トナカイ

メスは
角が少し
小さいです
蹄の裏にも
毛が
たくさん

大きな角が特徴 寒い地域にすむシカの仲間

トナカイ（*Rangifer tarandus*）は、哺乳綱鯨偶蹄目シカ科トナカイ属に分類されます。

トナカイは、ツンドラ地帯であるユーラシア大陸の極北部、グリーンランド、アラスカ、カナダおよびその付近の諸島に分布しています。大森山動物園（以下、当園）個体のデータを参考にすると体重は約45～250kg、体長は約120～220cmで、体はオスの方がメスより大きくなります。トナカイはシカの仲間で唯一雌雄ともに角が生えますが、角もオスの方が立派で大きく、枝分かれも多いです。オスの角は初冬までに落ちますが、メスでは春まで残ります。

トナカイは上アゴに門歯《もんし》がなく、胃は4つに分かれています。極地に生息するため、鼻鏡《びきょう》や足の裏まで毛が生えて防寒ができ、蹄《ひづめ》は幅が広く平らな形をしていて新雪に沈み込まないようになっています。

トナカイの暑さ対策

トナカイにとっては北国の秋田県も暑すぎます。気温が25度を超えるとトナカイに影響がみられるため、秋田県では６～９月の４カ月がトナカイにとって要注意期間です。当園のトナカイ展示場はかなりの面積を有し、夏の温度管理は容易ではありません。いちばん効率的なのは展示場全体を日陰にすることなので、まず取り組んだのが樹木を植えて育てることでした。

2013年ごろは展示場の日陰が総面積の約50％で、遮光ネットやスプリンクラー、扇風機を併用し、日があたる部分は気化熱で温度を下げても、トナカイにとってはギリギリでしたが、樹木を守り剪定《せんてい》を重ねた結果、2023年現在は約８割が日陰になりました。また、直射日光があたる場所にはミスト装置とスプリンクラーを設置し、要注意期間中、常に実際の気温より２～３度低下させられるようになりました。トナカイが無理に運動しなければ、十分に飼育できる環境にたどり着いたのです。

樹木におおわれた展示場。

展示場内でのいろいろな暑さ対策。

夏毛は黒くて短く、冬毛は夏毛の上に白っぽい茶色の長い毛が生えます。野生ではクローバーやタンポポの葉、冬は雪の下の地衣類《ちいるい》（菌類と藻類《そうるい》が共生したコケのような生物）を中心に食べます。レミング（ネズミの仲間）や虫なども食べることがあります。

交尾は秋～初冬に行われ、オスどうしが大きな角で争い、勝ったオスがメスと交尾します。妊娠《にんしん》期間は約8カ月で、5～6月に1頭の子どもを産みます。

IUCNのレッドリストでは、絶滅危惧種（VU）になっています。個体数は減少傾向にあり、野生では約280万頭と推測されています（2023年2月時点）。トナカイは狩猟対象である一方、家畜化もされ、角や肉、毛などが利用されたり、荷物や人を運んだりしています。

ルーサン乾草の葉と茎(右)。葉の部分はやわらかいです(左)。

健康寿命をのばすために

トナカイはほかのシカ科や草食動物より噛《か》む力が弱く、かたいエサを与えつづけると歯が著しく摩耗《まもう》し、欠損したりします。下アゴにしかない門歯も非常に小さく、イネ科の植物を噛み切るのが苦手です。これがわかるまで、トナカイは動物園ではシカやウシの飼料（イネ科の牧草やウシ配合飼料など）で飼育され、多くがオス10歳、メス15歳とされる平均寿命に届きませんでした。

当園では、まずイネ科の牧草を中止し、茎が非常にかたく葉はやわらかい、マメ科のルーサン乾草のみを与えました。時間がかかるので茎と葉を分けずに与えますが、トナカイはエサの量が少ないとかたい茎も食べてしまいます。葉だけを選んでもらうには十分な量を与える必要があり、体格や繁殖《はんしょく》実績などから１頭あたり１日５～６kgにしました。また、ミネラル豊富な茎を食べないことによるミネラル不足を懸念し、ルーサン乾草を茎ごと粉砕しキューブ化した『ヘイキューブ』を、もう一段階粉砕した『粉末ヘイキューブ』も併用しています。清掃は大変になりましたが、平均寿命を上回った個体もいるなど、成果が出ています。

サシバエに要注意

サシバエがとまっているところ。見るだけでかわいそうです……。

毎年７～10月は全国の動物園でサシバエの被害がみられ、多くは動物の四肢《しし》や腹部に付着します。当園ではとくにトナカイでみられました。

野生のトナカイは、夏、吸血昆虫《こんちゅう》がいない冷涼な場所を求め、群れで山を駆け上がります。動物園でも吸血昆虫（97％がサシバエ）が付着すると本能から走り回り、しかし逃れられず、暑さも加わり、最終的にはゼーゼーと息をして伏せる悲惨な状況となります。そこで当園では2014年から本格的に対策をはじめました。

まずは皮膚《ひふ》の異常や脱毛がないか確認しながら、人用の市販の虫除け剤で検証した結果、最も効果的な虫除け剤を飼育員が１時間に１回噴霧《ふんむ》することで、被害を最小限にできました。しかしサシバエは飼育員不在の夜間にも付着・吸血するため、早朝に疲れた様子で伏せるトナカイを見て、現実的な方法でないと悟りました。

そこで2015年、園内の塩《しお》曳潟《ひきがた》での放牧を行いました。トナカイは泳ぎが得意で水への抵抗が少なく、「サシバエから逃れて水に入るのではないか。そうすれば虫除け剤が必要ない」と考えたのです。予想どおりトナカイは塩曳潟に入り、２組の親子が一緒に泳ぐ姿も見られるなどの成果も上げ、取り組みは約５年間続きました。ただし、これも飼育員の負担は大きいものでした。

そんな折、岩手大学の専門家にウシに付着するサシバエに効果がある忌避剤《きひざい》を勧められ、放牧と並行して実証実験をはじめました。この忌避剤は、１回の噴霧で約１週間効果がみられました！　これ以降放牧の必要はなくなり、走り回りも見られなくなりました。

動物の幸せの追求で最も大切なのは、一時的な問題解決ではなく永続的なケアとされます。日陰管理と高い効果の忌避剤で、飼育最大の課題であった暑さ対策は大きく前進しています。

大森山動物園

〒010-1654
秋田県秋田市
浜田字潟端154
TEL：018-828-5508

文・写真：柴田典弘、
三浦匡哉

放牧中。
泳ぐのも得意です。

当園のメス、
『イッちゃん』。
出産前にしっかり
太った状態です

No.11

北極圏にすむなかま ▼

ホッキョクグマ

凍った海に適応した、クマ科最大の種

ホッキョクグマ（*Ursus maritimus*）は哺乳綱食肉目クマ科クマ属の仲間で、北極圏にすむクマ科最大の種です。陸生の肉食動物としても最大種になります。

ホッキョクグマはロシア北部、カナダ北部、および北極圏周辺に分布し、大きな個体だと体長250cm以上、体重500kg以上になります。北極圏に適応した真っ白な姿が特徴的ですが、実際は透明な毛が密に生えることで光を乱反射して白く見えています。毛の内部は空洞で、中の空気が断熱材の役目を果たし、体の熱が逃げにくくなっています。

『海（*maritimus*）のクマ（*Ursus*）』の学名のとおり海にも適応し、近縁のヒグマなどとくらべて頭は小さく、首は長いです。これは水の抵抗をなくすとともに、水面から顔を出して呼吸するのに役立ち、ときには数十km以上を泳ぎつづけることもできます。

主食はアザラシで、鋭い嗅覚《きゅうかく》を頼

天王寺動物園の方が教えてくれた マニアックなお話

ホッキョクグマの交尾。

厳しい環境の子育て

クマの仲間は暗く静かな環境で出産しますが、ホッキョクグマはとくに神経質です。ホッキョクグマのメスは冬～春に発情し、オスは「ファッファッ……」と独特な鳴き声を出してメスに近づきます。メスは思わせぶりにオスから逃げて体力や能力を測り、交尾相手にふさわしいと判断すれば態度を急変させ、仲むつまじいペアになります。そして交尾を行い、メスの発情が終了するとペアは解消されます。

メスが北極圏の厳しい環境で子育てするには、秋にアザラシを大量に食べて通常の倍ぐらいに体重を増やす必要があります。メスは冬のはじめに作った巣穴の中で多くの場合は双子の、体重600gほどの赤ちゃんを出産します。子どもは母親の脂肪分豊富なミルクを飲んで成長し、巣穴から出る3月初旬～4月下旬には体重10～12kgになります。一方で母親は氷や雪から水分をとるだけで、半年以上全く食べません。最大8カ月におよぶ絶食期間は、哺乳類《ほにゅうるい》では最長ともいわれます。

動物園でも難しい子育て①

動物園での繁殖《はんしょく》は、野生とちがう難しさがあります。動物園は北極圏ほど寒くなく、食べものも1年中手に入りますが、ホッキョクグマには北極圏と似た環境を用意してあげないといけません。

雌雄を一緒にするときは、オスの独特な鳴き声を目安にメスの発情を見極めます。タイミングを間違えるとケンカになる可能性があるので、とても慎重に行います。また、交尾後のメスは秋にしっかり太る必要があります。天王寺動物園（以下、当園）では牛脂などを与えて脂肪をつけてもらいました。11月には寝室に防音・遮光対策をし、奥には藁《わら》を敷《し》き詰め、人工の産室を作ります。その後は飼育担当者も近寄らず、管理室から暗視カメラや集音マイクで様子を見ます。産室は安全で暗く、静かなことが最も重要で、メスは適さないと判断すると育児放棄したり、子どもを食べたりします。野生ではメスは巣穴を選べますが、動物園ではこちらが用意した場所しかないのです。

りに凍った海の上でアザラシを探し、呼吸をしに来そうな氷のすき間をみつけるとしんぼう強く待ち、現れたところを強力な前肢《ぜんし》でしとめます。平均1週間に1頭ほどのペースでアザラシを狩り、とくに脂肪分を好んで食べます。氷が少ない夏は狩りがうまくいかず、氷が張るまで陸地に移動して海草などを食べてしのぎます。一部の個体は、夏に氷が溶け出してもより分厚い氷へ移動して、生涯土を踏まずに過ごします。

ホッキョクグマは、自然保護団体の推定では2万6千頭が生息しているといわれます。近年は地球温暖化の影響で氷が溶けやすくなり、ホッキョクグマがアザラシを獲れる時期が短くなっています。この状況が続くと、絶滅する予測もされています。

生後２カ月ごろ。

動物園でも難しい子育て②

ホッキョクグマには暗視カメラの赤外線をイヤがる個体もいるため、産室の奥まではカメラをつけませんでした。しかし、これでは産室内を見ることができません。そこで役立つのが、子ども特有の鳴き声の『笹鳴《ささな》き』です。クマの子どもはミルクを飲むときに「クックッ……」と声を出すので、これを集音マイクで聞いて授乳を確認します。

当園では2020年11月25日に赤ちゃんが誕生し、飼育担当者は毎朝１時間早く来て、飼育員が不在の夜の笹鳴きの映像を見返して記録しました。大体数時間おきに聞こえるのですが、ときには10時間以上間隔が空いて、赤ちゃんの衰弱を心配することもありました。

その後、出産後の母親にとって55日ぶりの食事を与えに獣舎に入りました。赤ちゃんはすくすく育ち、翌年の生後100日目に性別確認やマイクロチップ挿入を行ったころには体重は10kgを超え、産室から出る目安に達しました。３月15日にははじめて展示場に出ました。今回の繁殖では大学と連携し、子どもの成長による笹鳴きの長さや回数の変化を調べています。これは野生ではほとんど不可能な研究であり、今後生まれる子どもの成長を確認する方法として役立ちます。

環境エンリッチメントの意義

クマの仲間は動物園で暮らすと、無目的におなじ動きを繰り返す『常《じょう》同行動《どうこうどう》』が出てしまいます。これは、野生にくらべて刺激が少ないことが原因だといわれています。

動物園は動物を展示し、来園者に動物の魅力だけでなく、その生息地で起こっていることにまで関心をもってもらうことを目的としています。目の前の動物が魅力的に映らないとその先にまで関心をもってもらえないので、動物が元気に遊具で遊び、食べものを手に入れるために頑張る姿を見せられるように心がけています。こういった、動物が身体的、精神的、社会的にみて健康であるように、その暮らしを豊かにする取り組みを『環境エンリッチメント』といいます。神経質なホッキョクグマの繁殖にも普段のストレスは大敵なので、環境エンリッチメントの充実は繁殖の成功にもつながると考えています。動物の適切な飼育で市民に啓発し、野生動物の保全に貢献する。これからの動物園には、こういったことが求められています。

天王寺動物園

〒543-0063
大阪府大阪市天王寺区
茶臼山町1-108
TEL：06-6771-8401

文:油家謙二
写真:天王寺動物園スタッフ

タイヤで遊ぶ姿。

おやつ入りのポリ容器を狙います。ジャンプしても届かない場所におやつをセットすると、適当な道具を投げてあてて落とす個体もいます。

世界の動物園と日本の動物園

最先端を走るアメリカの動物園

　世界レベルで動物園を見たとき、最先端を走っているのはアメリカで、なかでも有名なのがニューヨークのブロンクス動物園です。広大な敷地を活かしてその動物の生息地を再現する『ランドスケープ・イマージョン』という展示が多く、『コンゴの森』という施設では20頭ものゴリラを中心に、オカピやマンドリルなどさまざまな動物を飼育しています。日本では繁殖《はんしょく》に苦労しているゴリラですが、ブロンクス動物園では2つの群れが順調に繁殖しており、子どもどうしが遊んでいる様子を観察できます。

　アメリカの動物園の特徴は、とにかく広いことです。日本でも多摩動物公園（東京都）やよこはま動物園ズーラシア（神奈川県）は50ヘクタールという広い敷地をもっていますが、多くの動物園は20ヘクタール以下です。アメリカには30ヘクタール以上の動物園が多く、ブロンクス動物園などは100ヘクタールもの広さがあります。広大な敷地でたくさんの動物を飼育して、生息地を再現する展示方法で一線を画すのがアメリカの動物園なのです。

アイデアで勝負！ヨーロッパの動物園

　世界の動物園を牽引してきたもう1つの主役はヨーロッパで、なかでもドイツ、スイス、オーストリアといったドイツ語を話す地域には立派な動物園があります。なかでも新しい展示施設ができて有名になったのが、スイスのチューリッヒ動物園です。アフリカのマダガスカル島の熱帯雨林をそのまま再現した『マソアラ熱帯雨林』や、タイの国立公園と連携したゾウの展示施設『ケーンクラチャン象公園』

ニューヨークのブロンクス動物園の『コンゴの森』。動物が生息している自然環境の中に入り込んだような『ランドスケープ・イマージョン』という手法での展示を行っています。

チューリッヒ動物園（スイス）のゾウの展示施設『ケーンクラチャン象公園』。

シェーンブルン動物園（ウィーン）のサルの展示施設。古い建物をリニューアルして、おしゃれな雰囲気になっています。

など、世界最高を目指したオリジナリティの高い施設が特長です。ヨーロッパの動物園はアメリカほど広大ではありませんが、そのぶんアイデアで勝負しているので、いろいろなスタイルがあります。

　歴史的な雰囲気が残る動物園が多いのもヨーロッパの特徴です。なかでもオーストリアのウィーンにあるシェーンブルン動物園は現存する最古の動物園で、園内には女帝マリア・テレジアや、その娘であるマリー・アントワネット（フランス革命で処刑された悲劇の王妃として有名）が食事をした建物も残されています。このように伝統的な雰囲気を残しながら、最新の工夫を盛り込んでリニューアルするのは、いかにもヨーロッパらしいやり方です。

　歴史のあるヨーロッパの動物園には、日本ではみられない動物も少なくありません。いろいろな動物の飼育展示を続けるには、動物を繁殖できていることが大切です。スナネコやマヌルネコのように、ヨーロッパで飼育繁殖方法が確立し、最近になって日本でもみられるようになった動物は多いのです。オカピやアイアイのように日本に少ない動物は、近親交配を避けるために海外の動物園と個体を交換することも必要です。動物園を訪問したときは、外国生まれの動物がいないか探してみるのも面白いでしょう。

日本の動物園とこれから

展示施設や動物の飼育繁殖とい

シンガポール動物園のゾウの展示。
天然のジャングルを生かした、
緑豊かな動物園。

った面で、日本の動物園はアメリカやヨーロッパよりもずいぶん遅れており、きちんと力を入れるようになったのは30年くらい前からです。とはいえ、欧米の先進事例に学んで急速に発達していることも間違いありません。たとえば、札幌市円山動物園（北海道）ではゾウを群れで飼育できるようにすると同時に、やわらかい砂の上で暮らせるようにしました。飼育の方法も、伝統的なゾウ使いが行っているような、ゾウと人がおなじ空間でかかわる方法（『直接飼育法』）から、人がゾウとおなじ場所に入らない『準間接飼育法』と呼ばれる方法に変えましたが、これは欧米の動物園で確立した最新の飼育方法です。動物園全体としては、動物園だけでなく地球上の生物多様性を守る『保全』と、飼育動物の健康と幸福を向上させる『動物福祉』が重要なテーマとなっており、日本の動物園も欧米に追いつけ追い越せと頑張っています。

　最後に、日本から比較的近い場所にあり、面白い動物園がみられるシンガポールをご紹介しましょう。シンガポールはなんといっても熱帯ですから、動物園の中に天然のジャングルがあるので、日本や欧米の動物園とは雰囲気が全くちがいます。さらに、夜だけオープンする『ナイトサファリ』や、パンダやマナティのいる『リバーワンダー』など、ほかではみられない施設があります。

　このように海外には、日本ではみられない動物園がたくさんあります。海外に行く機会があれば、どんな動物園があるのか、ぜひ調べてみてください。

佐渡友陽一

東京大学大学院総合文化研究科の修士課程を修了後、静岡市役所の行政事務職員（日本平動物園に在籍）を経て、現在は帝京科学大学生命環境学部アニマルサイエンス学科准教授を務める。専門分野は博物館学（動物園）。

第3章

アフリカにすむなかま

No.
12

アフリカにすむなかま

▼

ニシゴリラ

ヒトと系統的に最も近い『進化の隣人』

哺乳綱霊長目ヒト科ゴリラ属のゴリラは、種としてはニシゴリラ（*Gorilla gorilla*）とヒガシゴリラ（*Gorilla beringei*）の１属２種がいますが、世界中の動物園で見られるゴリラはほぼすべてニシゴリラです。

ゴリラは、分類上は私たち（ヒト）もふくまれる霊長目ヒト科に属しています。おなじヒト科には、チンパンジー、ボノボ、オランウータンもふくまれ、ゴリラをふくめて『大型類人猿《るいじんえん》』と呼ばれます。ゴリラは現在地球上にいる動物の中で、私たちヒトといちばん最近まで共通の祖先をもつ『進化の隣人』なのです。

ゴリラには、アフリカ大陸の赤道付近に生息しているニシゴリラとヒガシゴリラの2種がいて、ニシゴリラはすんでいる地域によってニシローランドゴリラとクロスリバーゴリラという2つの亜種に分類され、ヒガシゴリラもヒガシローランドゴリラとマウンテンゴリラという2つの亜種に分類されます。生息数の調査によると、ニシローランド

京都市動物園の方が教えてくれた マニアックなお話

『ゴリラ』といえば…。

ゴリラの研究者として有名なダイアン・フォッシーさんや、日本人の山極壽一さんなどの調査で一般にも知られるようになったのは、ルワンダ北西部のヴィルンガ火山群のマウンテンゴリラだったので、『ゴリラ』といえばマウンテンゴリラのイメージで捉えられることが多いかもしれません。つまり、真っ黒で、毛足の長い体毛におおわれていて、草地の上を歩いている姿です。

しかし、動物園で実際に会える『ゴリラ』といえば、ニシゴリラ（の中でも、ニシローランドゴリラ）です。ニシゴリラは、アフリカ大陸の大西洋に面した赤道付近の国の、いわゆるジャングルといわれる熱帯雨林に暮らしています。熱帯雨林には20mを超える高い木が育ち、そんな木の上で生活しているのが、ニシゴリラです。

ニシゴリラの頭の毛はとくに赤っぽいのが特徴です。体中に生えている毛も、マウンテンゴリラにくらべると細くて短いです。最近では、ニシゴリラの調査も進んできたので、動物番組や動画サイトなどでニシゴリラの写真や映像を見た人も多いかもしれません。

天井の格子にぶら下がって移動する様子が見られます。

木の上で生活する動物なので、高いところも平気。のんびり食事します。

『キンタロウ』(4歳)と『ゲンタロウ』(11歳)のきょうだい。

ゴリラが15～20万頭、ヒガシローランドゴリラが3800頭以下、マウンテンゴリラが1000頭以下、クロスリバーゴリラは300頭以下しかいないといわれています。おなじ『ゴリラ』でも、ニシゴリラとヒガシゴリラでは、生態も、形態的特徴（身体的特徴）もかなりちがっているのですが、ここからはニシゴリラのことを『ゴリラ』として紹介しましょう。

ニシゴリラは森の高い木に登って、イチジクなどの果実や木の葉などを食べています。休むのも木の上を利用することが多く、見た目の印象とはちがって、とても身

ゴリラが好む牧草などを
天井に置くと、
柱を登って食べます。
これによって運動ができ、
食事時間も延長できます。

楽しいごほうびの日

ゴリラの食事は植物が中心です。野生のニシゴリラは草や木の葉だけでなく、果実もたくさん食べますが、野生の果実はヒトが食べている果物のように甘くて果肉たっぷりのものではありません。ゴリラの歯はヒトよりもエナメル質が薄く、ヒトが食べる甘い果実の食事は虫歯のもとになるので、動物園のゴリラの食事は草食動物用の牧草や木の葉などが中心になります。

しかし、そんなゴリラにも甘い果物を食べることができる日があります。動物園のゴリラは、体の表面や口の中などを飼育員に見せる動作を訓練します。これは『ハズバンダリートレーニング』といって、日々の健康状態のチェックや定期的な検診に動物の方から協力してもらうもので、そのごほうびとして普段は食べられないリンゴなどの果物をもらいます。飼育員と動物、双方にとって楽しい時間にする工夫です。

群れのしくみ

ゴリラには、オスがメスの2倍ほどの大きさになる性的二型性（生物の、生殖器《せいしょくき》以外の性別によるちがい）があります。オスはおとなになると180kg以上の体重になるものもいますが、メスはその半分ほどの約90kg以下です。

また、ゴリラの群れはオス1頭に対して複数のメスとその子どもたちで構成される、いわゆる『ハーレム型（一夫多妻型）』が基本です。群れのただ1頭のおとなのオスは、おとなの男のシンボルのように、背中の毛が灰色になり、『シルバーバック』と呼ばれます。まだおとなになっていないオスの若者は、背中の毛が黒いので『ブラックバック』とも呼ばれます。

野生では、群れで育ったオスの子どもは、おとなのオス（シルバーバック）と対立するようになると群れを離れて、同様に群れから離れたオスどうしで群れをつくり、行動することが報告されています。そしてハーレムの群れの周辺に出没し、その中にいるメスを誘い出し、連れ出すことに成功すれば、そのオスが中心となった新しい群れをつくり、子孫を残すのです。メスの子どもも、繁殖《はんしょく》可能な年齢になる前に群れを出てほかの群れに移ります。このようにして近親交配が回避されているようです。

枝を折られても引き抜かれても諦めずに木を植え、
徐々に『鬱蒼《うっそう》』としたゴリラのすみかになってきました。

軽に木登りができます。動物園でも、柱やロープなどを配置してゴリラが地上から数mの場所を利用できるようにしています。ゴリラたちがするすると柱を登り、高い梁《はり》の上を渡ったり、ときには腕1本で天井からぶら下がっていたりする姿を見ることができるかもしれません。樹上に見立てた高い空間を自由自在に動き回れるゴリラの体をよく見ると筋骨隆々《きんこつりゅうりゅう》で、とくにおとなのオスである『シルバーバック』の背中には大きな筋肉の盛り上がりが見えます。

京都市動物園

〒606-8333
京都府京都市左京区岡崎
法勝寺町岡崎公園内
TEL：075-771-0210

文：田中正之
写真：京都市動物園

No.13

アフリカにすむなかま

▼

チンパンジー

ヒトと遺伝的に最も近い アフリカの大型類人猿《るいじんえん》

チンパンジー（*Pan troglodytes*）は、哺乳綱霊長目ヒト科チンパンジー属に分類される、ヒトに遺伝的に最も近い現生の動物です。

チンパンジーは西〜中央アフリカに暮らす大型類人猿で、現在は4亜種（ニシチンパンジー・ナイジェリアチンパンジー・ヒガシチンパンジー・チュウオウチンパンジー）に分類されています。残念ながら野生では生息数を減らし、絶滅危惧種（ＩＵＣＮのレッドリストではＥＮ）に指定されています。

体重はおとなのオスで40〜70kg、メスで30〜60kgほどです。黒い毛におおわれていますが、おとなになるにつれて白髪が増える個体もいます。生まれたときは顔や手、足などが白っぽい明るい色ですが、成長につれて少しずつ黒くなっていきます。

雑食性で、樹上で果実や種子、葉を食べたり、地上で草や植物の根を食べたり、虫や哺乳類《ほにゅうるい》なども

京都市動物園の方が教えてくれた　マニアックなお話

メスの性皮。

日々、仲間が変わる群れ

チンパンジーは10～100個体以上の群れをつくりますが、『離合集散《りごうしゅうさん》』といって、日々かかわる相手が変わる流動的な社会を築いています。おとなのメスのお尻にはピンクの性皮《せいひ》がついていて、月経周期によって膨らんだり縮んだりします。性皮が大きく膨らんでいるときには排卵が起こり、子どもができやすくなります。妊娠《にんしん》期間は大体227日前後で、メスは４～５年に１回子どもを産みます。性皮が膨らんでいるときには、複数のオスと交尾します。おとなのオスは順位関係を築くので、強いオスが多くの子どもを残すことも報告されています。ときに順位にかかわらず、特定のオスとメスが群れから離れて一時的に2頭だけで行動することもあります。

チンパンジーはベッド職人！

チンパンジーをふくむ大型類人猿は、野生では木の上に枝や葉を織り込んでふかふかのベッドを作って眠ります。野生では、ぐっすり眠れることに加えて、捕食者から逃れ、体温を維持する役割があると考えられています。生まれて４～５年は母親と一緒のベッドで眠りますが、そのあとは自分でベッドを作らなければなりません。しかし、それができるようになるまでには修行が必要で、母親やまわりのチンパンジーの行動を見て学ぶ必要があります。

動物園生まれのチンパンジーの中でも幼いころに学ぶ機会があったかどうかでスキルに差があり、ほとんど作れない個体も、とても上手な個体もいます。京都市動物園（以下、当園）では、ベッド作りのスキルが親から子へと伝わるように、定期的に枝でベッドが作れるような場所や、藁《わら》や麻袋などを用意しています。そうした工夫によって、当園に生まれたチンパンジーはベッドを上手に作れるようになっています。

枝でベッドを作る親と、それをながめる子ども（京都市動物園）。

食べます。道具を使用することが知られ、たとえばシロアリやアリの仲間を枝で釣って食べます。ほかにも、2つの石をハンマーと台として使い、アブラヤシの種を割って食べることがあります。こうした行動は、生まれたあとにまわりの仲間を観察し、自分でも試行錯誤して学習していくため、群れによって見られる行動がちがうことが知られています。世代を超えて受け継がれていく文化があるのがチンパンジーの特徴の1つです。

チンパンジーは、生まれて4歳くらいになると離乳します。6～8歳ごろに性成熟に達し、メスは野生では性成熟に達してしばらくしたあとに別の群れに移籍します。オスは基本的には生まれた群れでずっと暮らします。寿命は40～50歳くらいです。

オスどうしの濃い関係

野生では、オスのチンパンジーは生まれた群れでずっと暮らすので、絆《きずな》が強くなります。オスどうしで熱心に毛づくろいをしたり、ケンカや、強さをみせつけるような行動をしたりします。遊ぶのも好きなので、とくに飼育下ではおとなになってもオスどうしで遊びます。動物園でも仲間と暮らす環境を整えるのはとても大切です。しかし、メスを巡っての争いが起きて大ケガを負うおそれもあります。なので、個体の関係性をしっかり観察し、十分な広さのある施設を用意することは欠かせません。

笑いながら遊ぶオス（京都市動物園）。

弱いオスに突進するチンパンジー（京都市動物園）。

チンパンジーはチンパンジーらしく

ここまでに書いたような工夫のほかにも、チンパンジーがチンパンジーらしい暮らしを送れるように工夫しています。たとえば、タワーを建てて高い木の上で暮らすチンパンジーが登れるようにしたり、たくさんの木を茂らせたり、食べものの種類を増やしたりと、好奇心旺盛《こうきしんおうせい》なチンパンジーにとって刺激がある生活となるようにしています。

ハズバンダリートレーニングと研究

チンパンジーが健康に暮らせるように、普段からチェックを行っています。ただし、人と一緒で、ちくっと痛い注射などはチンパンジーも苦手です。そのため、いざというときに注射できるように、普段から慣れてもらう必要があります。腕を人に見せてもらえるようにするところからはじめて、尖《とが》っていないものをあててみたり、針をあててみたりと、注射で薬を注入できるようになるまで、少しずつステップアップしていきます。こうしたトレーニングには、チンパンジーと飼育担当者の信頼関係が大切です。

また、当園ではチンパンジーの行動や認知などに関する研究を行っています。観察したり、血液や尿《にょう》などのサンプルを分析して生理状態を調べたり、ほかにもコンピューターを使って、数の認識などの認知能力を調べたりしています。

アブラヤシの種を石で割っているところ（ギニア共和国ボッソウ村）。

京都市動物園

〒606-8333
京都府京都市左京区岡崎法勝寺町岡崎公園内
TEL：075-771-0210

文・写真：山梨裕美

No. 14

アフリカにすむなかま

▼

クロサイ

大きくて重い！絶滅が危惧されている動物

クロサイ（*Diceros bicornis*）は哺乳綱奇蹄目サイ科に分類される動物で、現生種では5種いるサイの仲間のうち、本種のみでクロサイ属を構成しています。

クロサイは、アンゴラ、ケニア、モザンビーク、ナミビア、南アフリカ共和国、ジンバブエ、タンザニアに自然分布し、ボツワナ、マラウイ、エスワティニ、ザンビア、ルワンダに再導入されています。体重1000～1500kgほどで、オスはメスよりもやや大きい傾向があります。頭や胴体《どうたい》は長く、首と四肢《しし》は太く短く、前後《ぜんこう》肢《し》にはそれぞれ3つの蹄《ひづめ》があります。サイの仲間の特徴である角は、口の近くの鼻骨《びこつ》上に2本あります。

繁殖《はんしょく》に季節性はなく、妊娠《にんしん》期間は約460日とされています。安佐動物公園（以下、当園）で生まれた個体のうち10頭の平均妊娠期間は452日でした。おとなのメスは2～3年に一度、1頭の赤ちゃんを産みます。報告および当園個体でみられた授乳期間は1〜1.5年で、子どもは母親の次の出産直前まで一緒に行動します。寿命は40年以上とされていますが、当園ではメスの『ハナ』が推定52歳まで生き、飼育下の国内最高齢記録となりました。

日本にクロサイがやってきたのは、1933年にハーゲンベックサーカスが来日したときだといわれています。動物園での飼育は1952年上野動物園ではじまり、その後、東山動植物園や福岡市動植物園、天王寺動物園などで本格的に飼育されるようになりました。日本ではじめてクロサイの赤ちゃんが誕生したのは1963年11月、神戸市立王子動物園でした。当園では1971年から飼育を開始し、1977年にはじめての繁殖に成功、これまでに19頭の赤ちゃんが生まれています。

知っておきたい

絶滅の危機にあるサイ

クロサイをはじめ、現生する5種のサイのすべてが絶滅の危機に瀕しています。そのおもな理由が密猟《みつりょう》です。医学的に効果が証明されていないにもかかわらず、サイの角は万病を治す漢方薬として信じられ、非常に需要が高く、ブラックマーケットではおなじ重さの金《きん》よりも高額で取引されることもあるそうです。そのため、角だけを理由にサイを銃などで次々と撃ち殺してしまうのです。

サイの角は、欲しがる人がいなければ供給されません。その消費国にはベトナム、中国などのアジア諸国に加え、日本もふくまれていることを知ってほしいと思います。

安佐動物公園の方が教えてくれた マニアックなお話

キュートな口にご注目！

クロサイはおもに低木の葉を食べます。上下ともに門歯《もんし》はなく、尖《とが》った上唇《うわくちびる》で葉のついた枝先を器用に引き寄せ、直接臼歯《きゅうし》でちぎりとって食べます。

クロサイの名前の由来の1つといわれるのが、この口の形です。アフリカにはクロサイとシロサイの2種がいて、クロサイは木の葉を食べますが、シロサイは地面から生えた草を食べます。そのため、シロサイの口は掃除機の先のように幅広い形をしています。それでもともとは「wide（幅広い）」と呼ばれていましたが、これを聞き間違えた人が「white（白い）」と伝えて『シロサイ』と呼ばれ、もう1種を『クロサイ』と呼ぶようになったといわれています。

葉を噛《か》みちぎるのではなく、直接臼歯でちぎりとります。

『世界サイの日』

2010年に、世界自然保護基金（WWF：World Wide Fund for Nature）の南アフリカ委員会は、9月22日を『世界サイの日（World Rhino Day）』として提唱しました。日本では2013年から飼育園館が中心となって、動物園の来園者に対し、現存するサイ5種の生息数や、角を目当てにした密猟、生息地の減少などによって絶滅の危機に瀕している現状を伝え、サイの保護をアピールする努力をしています。

『世界サイの日』のイベントの１コマ。
サイの角や頭骨を使って解説する様子。

来園者の方々に
クロサイについて
ガイドをしている様子。

泥浴びをすると、
ちがった色に
見えます。

体の色は、土の色？

クロサイは強い日差しが苦手です。そのため、日中はしげみに身を隠していますが、しげみの低木は草食動物から身を守るため、たくさんの鋭いトゲをもちます。このトゲに負けないように、クロサイの体はとても厚い皮《ひ》膚《ふ》でおおわれています。

もう１つ苦手なのが、吸血バエやダニなどの寄生虫です。クロサイは寄生虫を皮膚から取り除くため、『ヌタ場』と呼ばれるどろどろの水場をみつけると、転がりながら全身に泥をつけます。この泥浴びはクロサイに欠かせないもので、暑い昼間の体温調節にも効果があり、動物園でもよく見られます。土の色は地域で異なるため、それによりクロサイの見た目の体色も変化します。体の色は土の色、『クロサイ』だからって黒いわけではないのです。

泥浴びの後は、日なたぼっこすることも。

クロサイが世界から消えないために

希少動物の保全を目的として、国内の動物園・水族館の連携や国際的な協力を推進するために活動する、公益社団法人日本動物園水族館協会（JAZA）の生物多様性委員会はクロサイをとくに繁殖に重点を置かなければならない種に選定しています。

クロサイを飼育する動物園では、遺伝的な多様性を保つため、委員会が提案する最適な組み合わせを検討し、その計画に沿ってクロサイを移動させています。１トンをゆうに超えるクロサイの移動を安全に行うことはとても大変ですが、移動が行われた５年後（1994年）に国内初の３世が天王寺動物園で誕生しています。

その後も飼育園館では、生まれた子どもを海外の動物園の個体と交換するなど、繁殖計画を効果的に展開しています。今後も世界中の動物園が協力して種の保存に向けて取り組み、地球上からクロサイが絶滅してしまわないように努力していきます。

安佐動物公園

〒731-3355
広島県広島市安佐北区
安佐町大字動物園
TEL：082-838-1111

文・写真：屋野丸勢津子

No. 15

アフリカにすむなかま ▼

ヤマシマウマ

黒と白の縞《しま》模様《もよう》をもつ山岳にすむウマの仲間

ヤマシマウマ（*Equus zebra*）は、哺乳綱奇蹄目ウマ科ウマ属に分類される動物です。

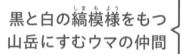

シマウマは黒と白の美しい縞模様が特徴の動物で、「シマウマ」と一口にいっても、実はさまざまな種が存在しています。日本の動物園ではおもにグレビーシマウマ、サバンナシマウマ、そしてハートマンヤマシマウマ（ヤマシマウマに分類される1亜種）を見ることができます。

ハートマンヤマシマウマ（*Equus zebra hartmannae*）はおもにアンゴラ〜南西アフリカに生息しています。『ヤマ』シマウマという名前からもわかるとおり、おもに山岳地帯で暮らしています。首のところに『肉垂《にくすい》』があり、これはほかのシマウマの仲間にはない、ヤマシマウマの特徴の1つです。体長は約260cm、体重は約260kgで、飼育下での寿命は25年ほどとされて

かみね動物園の方が教えてくれた マニアックなお話

シマウマの血圧を調べてみる

人と同様、動物の血圧はとても大事なサインで、心臓や腎臓の健康の指標となります。しかし、シマウマの血圧はこれまであまり調べられておらず、健康な状態の値は知られていませんでした。当園の個体はトレーニングによって血圧測定が可能となったので、実際にシマウマの血圧はどの程度の値なのかを調べてみました。

シマウマの血圧は、家畜のウマでの測定を参考に尻《しっ》尾《ぽ》で行いました。人とおなじように、カフ（人では腕に巻きつける帯のようなもの）を巻いて測定します。結果はウマと同程度で上の血圧が130mmHgくらい、下の血圧が80mmHgくらいでした（ちなみに2018年の成人男性の平均値はそれぞれ134.7mmHg、82.3mmHgです）。調べた個体はまだ若く健康なので、おそらくこの数値がこの個体の健康な状態を示す値なのかな？と考えています。

まだまだわからないことだらけの動物園の動物たち。少しでも動物が健康に暮らしていけるように、できる限りのことをしていきたいです。

血圧測定の様子。尻尾にカフを巻き付けます。

土の上でゴロゴロ

当園で飼育している個体は、土の上でゴロゴロするのが大好きです。ゴロゴロする理由は体についた虫を振り払うためなど、さまざまに考えられます。とくに、土を新しく入れた際には、ふわふわの土はゴロゴロすると気持ちがいいのか、頻繁《ひんぱん》に見ることができます。ゴロゴロしすぎてシマシマの白い部分が茶色になってしまうことも多々あります。そんな、いつもとちがった動物の様子を見るのも、動物園の楽しみ方の1つです。

土の上で気持ちよさそうにゴロゴロします。

います。

ハートマンヤマシマウマは飼育頭数が限られており、日本国内では2022年12月時点で、4頭のみが飼育されています。また、IUCNのレッドリストでは絶滅危惧種（VU）として掲載されており、絶滅の危機が迫る種でもあります。

日本の動物園では1年を通して繁殖《はんしょく》がみられます。妊娠《にんしん》期間は約1年で、ほとんどの場合1頭の子どもを産みます。生まれた子どもに母親は半年ほど授乳を行うことが記録されています。かみね動物園（以下、当園）では、おもにイネ科の牧草や草食動物用ペレットを、そしておやつ程度にニンジンを給餌《きゅうじ》しています。

ビックリさせないために

動物園で飼育されている動物にはそれぞれ個性があり、新しいものに全く動じない個体、反対にすごく警戒してしまう個体がいます。当園のシマウマは、新しいもの（見慣れない人、工事車両など）をみかけるとすごく警戒し、しばしば走り回ってしまうことがありました。びっくりして走り回るだけならよいのですが、ときには体を擦りむいて小さくケガをすることもあり、こうした事態をできるだけ避けるため、当園ではシマウマの警戒心が解けるような取り組みを実施しました。

たとえば、担当飼育員以外の人にも慣れてもらうため、近くに来たスタッフに積極的にシマウマ舎に入ってもらい、おやつ（ニンジンやペレット）の給餌や、体のブラッシングなどを実施しました。こうすることで「人はおやつをくれたり、ブラッシングをしてくれたりする有益な存在」と覚えてもらえると考えたからです。筆者の私もシマウマ担当ではない獣《じゅう》医《い》師《し》なので、積極的に参加して、シマウマ舎を通るたびにポケットに忍ばせたペレットを『ごほうび』のように給餌していました。その甲斐もあったのか、シマウマはシマウマ舎に人が入っても警戒することが減り、走り回ることは少なくなりました。

おやつをあげて仲良くなることが大切！

また、人だけでなく新しい物にも警戒しやすい個体でした。普段使用しないヘルメットやカッパなどを着て作業をすると、とたんに警戒することもありました。こうした見慣れない物に関しては、使わないときからシマウマの見えるところに置いておく作戦を実施しました。しばらくすると、そういった物に対する警戒心は薄れたように感じました。

このような工夫は地道で小さなものですが、動物が幸せに、安心して暮らすために必要な取り組みなのです。スタッフ一同、これからも取り組んでいきたいと思います。

採血の練習中。

かみね動物園

〒317-0055
茨城県日立市宮田町
5-2-22
TEL：0294-22-5586

文・写真：川瀬啓祐

アフリカスイギュウ

サバンナで保護されている好戦的な群れをもつ動物

アフリカスイギュウ（*Syncerus caffer*）は、哺乳綱鯨偶蹄目の、ウシ科アフリカスイギュウ属に分類される動物です。鯨偶蹄目のうち、鯨類を除いたものを偶蹄類と呼びます。

アフリカスイギュウ（以下、スイギュウ）はサハラ砂漠より南のアフリカ大陸に広く分布し、サバンナや開けた草原、湿地帯や森林地帯などに生息しています。水辺を好み、標高3〜4千mくらいの山地でも姿が見られます。雌雄ともに、特徴的で大きな角をもっています。体長は170〜340cmで、オスの体重は300kgから大きいもので900kgほど、メスは大きいもので600kgほどになります。体色は茶色や黒褐色《こくかっしょく》、黒色などで、生息している場所によって体の大きさや体色にちがいがあります（たとえばサバンナに生息する個体は黒く、森林では茶色です）。

　食性は草食で、イネ科の草や葉を食べます。ほかのウシ科の動物とおなじように胃袋が4つに分か

群馬サファリパークの方が教えてくれた　マニアックなお話

速くて強い！　果敢な『黒い死神』

スイギュウは、雌雄ともに特徴的な反りあがった角をもっています。この角はとても太く、根元は左右がくっつきそうなくらいに接近していて、長さはおよそ１ｍにもなります。また、身体能力が高く、時速57kmの速度で走ります。

非常に気性が荒く力も強い動物なので、ライオンにも果敢に立ち向かい、この角を突き上げてライオンを宙に舞い上げることもあります。そのため現地では『黒い死神』とおそれられ、毎年200人以上の死者を出す危険な動物とされています。

角はとても太く、根元は左右がくっつきそうなくらいに接近しています。

スイギュウのために、日々考えています

当園では『アフリカゾーン』という、アフリカのサバンナに生息する草食動物を飼育しているエリアがあり、そこに50頭近くのスイギュウの群れと一緒にムフロン、バーバリーシープ、シマウマ、エランドなどを放し飼いにしています。

スイギュウは気性が荒いため、たびたびほかの動物に角を向けたり、追いかけたりすることがあります。ですが、当園で飼育しているスイギュウはお腹がいっぱいになるとアフリカゾーン内の決まった場所で落ち着きます。あらかじめその場所にエサを分けてまくことで、全頭が食べられるようにしています。

50頭近く飼育していると、いろいろな性格の個体がいます。たとえば、自身よりも体の大きなサイに角を向けて威嚇《いかく》し、追い払おうとする強気な個体がいたり、道路に出てきて白線を舐めたりするマイペースな個体もいます。基本的には気性が荒いですが、生まれた赤ちゃんには手を出しません。またオスどうし・メスどうしの角合わせがよく見られます。もちろん顔も１頭１頭全然ちがいますし、角の形もちがっていて、そういった外見の特徴や雰囲気で個体識別をしています。ぜひ、じっと見てみてください。

れていて、食べたものを口に戻してもう1回咀嚼《そしゃく》する『反芻《はんすう》』を行います。

平均寿命は野生では16～18年ほどといわれ、飼育下では25年を超えた個体もいます。決まった繁殖《はんしょく》期はみられませんが、群馬サファリパーク（以下、当園）での交配の多くは6～8月の間にみられます。妊娠《にんしん》期間は340日ほどで、1回に1子を出産します。生まれたばかりの子どもは体重が30㎏ほどです。

熾烈《しれつ》なボスの世代交代

当園ではスイギュウを群れで飼育しているため、野生とおなじようにボスが存在します。経験が豊富なオスがボスになり、ボスが変わるときは、角をぶつけ合ったり、体にひっかけたりして、ときには角が欠けてしまうほどに熾烈な戦いがあります。片方が戦いで負けて逃げたとしても、勝った方が追いかけて徹底的に勝敗をつけます。もしボスだった個体が負けると群れから追い出されてしまい、それ以降は離れたところで過ごすようになります。このようにして若い個体が力をつけてボスに挑み、戦いに勝って世代交代が繰り返されていきます。

現在の群れのボスの『ヴァートン』。

群馬サファリパーク

〒370-2321
群馬県富岡市岡本1
TEL：0274-64-2111

文・写真：山口志穂

日中、落ち着いているときの群れの様子。

ぎゅうぎゅうスイギュウ

スイギュウは、お腹がいっぱいになっている日中は、群れで固まって座ったり寝転んだりしています。夏や暑い時期は涼しいところを選んで、日陰に群れで固まって過ごします（ぎゅうぎゅうになっていますが、本当に涼しいのでしょうか？）。逆に、冬や寒い時期は暖かい日なたに集まり、固まって過ごします。

雨が降ると土の上に水たまりができ、その中に入って泥浴びをします。泥浴びは野生下でも飼育下でも見られ、体についている寄生虫などから皮膚《ひふ》を守ったり、体の熱を下げたり、皮膚の乾燥を防いだりするために行っています。

知っておきたい

地球規模で環境破壊が進む中で、野生動物の宝庫であるアフリカでは、ゾウやサイに続いてアフリカスイギュウもやがて希少動物になるといわれています。また、南アフリカのクルーガー国立公園とその周辺で『口蹄疫《こうていえき》』という病気が流行し、野生の鯨偶蹄類《くじらぐうているい》の95％が潜在的にこの病気にかかっているといわれており、アフリカスイギュウは大変危機的な状況にあるといえます。

そこで、南アフリカ共和国政府から指定を受けた民間機関によって、現地に保護区をつくり、世界各地から病気をもっていないアフリカスイギュウを集めて繁殖を進める計画が立案されました。当園もこの計画に賛同し、25頭（オス7頭、メス18頭）を無償で提供することに決めました。1994年1月には南アフリカから「25頭全頭が元気に到着した」と連絡があり、その後現地での1カ月間の検疫《けんえき》を済ませて、スイギュウたちは保護区へ放されました。スイギュウたちは南アフリカの広大な大地で新しい群れをつくり、種の保存のために活躍しています。

No.
17
アフリカにすむなかま
▼
カバ

実はクジラの仲間 大きな口が特徴の動物

カバ（*Hippopotamus amphibius*）は、哺乳綱鯨偶蹄目カバ科カバ属に分類される、陸上ではゾウ類、サイ類に次ぐ大型草食動物です。

カバはサハラ砂漠以南のアフリカ大陸に分布し、川や湖《こ》沼《しょう》などの水辺に生息しており、日が沈んでから1日で40～50㎏の草を食べます。体重は1.5～3トンもあります。水中生活に適応した結果、表皮は乾燥しやすく、陸上では『血の汗』と呼ばれる分泌《ぶんぴつ》液《えき》を出して肌を乾燥や紫外線から守ります。また、この分泌物には殺菌作用もあるため、ケガをしていても泥水に入ることができます。見た目によらず3～5mの急斜面を難なく上り下りしたり、陸上では瞬間時速40㎞の速さで走ったりできますが、水中での移動は泳いでいるわけではなく水底を歩行しているため、深い場所には行けません。

　カバはイノシシと近縁であると考えられていましたが、イルカやク

天王寺動物園の方が教えてくれた マニアックなお話

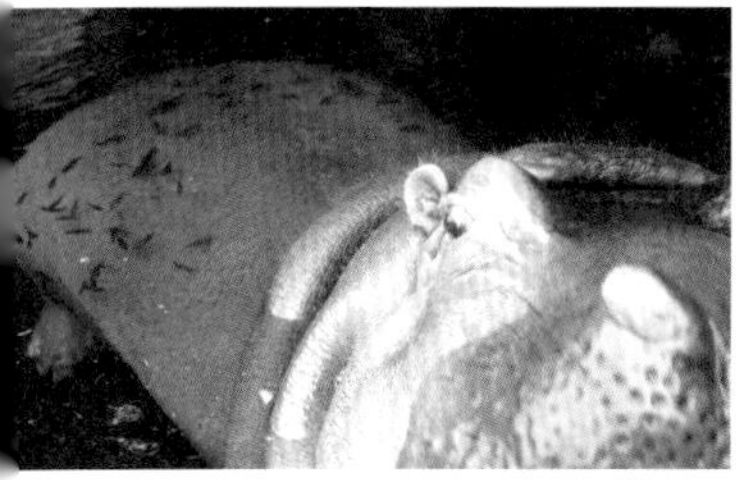

ティラピアの幼魚がカバの皮膚《ひふ》の角質を食べているところ。

魚類・鳥類などとの相利共生《そうりきょうせい》

野生下のカバはその巨体と群れによる移動で地形を変えてしまうことがあり、湿地帯で密集すると自然に池や沼のような状態ができあがります。そういった場所は水生動物のすみかとなり、それをエサに鳥たちも集まります。魚はカバの角質や糞《ふん》などを食べ、それだけでなく、カバの糞は川の栄養にもなります。そうやってカバの活動は環境に刺激を与え、自然を豊かにしていると考えられています。

仲間を守る高い社会性と人との事故

カバの群れは日中、体を寄り添わせて水辺で休んでおり、天敵が近づくと群れでお互いに危険を伝え合います。また、ほかの動物に対して警告的な鳴き声を発したり、ときには攻撃したりして、群れで力のない弱い子どもを守ります。オスどうしではメスを取り合ったり、なわばりを巡って激しいケンカをしたりしますが、オスどうしでも自分の威嚇《いかく》に服従する相手には寛大な態度を示し、無駄なケンカを避けます。このため、長期にわたりなわばりを守るオスもいます。このようにカバはなわばり意識が強い動物で、そのうえで群れて生活することで、生息地では貴重な水辺をほかの動物よりも長く、独占して使えます。

カバの生息地は人の生活に伴う開発により激減しています。そして人とカバの生活圏が重なってしまうことで、カバのなわばり意識の強さによる人の死亡事故が多発しています。

体を寄り添わせて過ごします。

ジラに最も近い陸上動物であることがわかりました（鯨偶蹄類《くじらぐうているい》）。クジラは、現在では完全に水中で生活していますが、その祖先は陸上動物の哺乳類《ほにゅうるい》です。カバもクジラ類とおなじように水中で声を出したり、水中で授乳したりしますが、進化のうえでカバとクジラがどのように分岐したのかは不明な点も多く、その謎めいたところも魅力です。

カバの寿命は野生では40〜50年ほどですが、飼育下では58年という記録もあります。10〜20頭のメスとその子ども中心の群れをつくり、オスは成長すると群れを出て、離れた地で生活して親戚どうしの繁殖《はんしょく》を避けます。オスはメスの群れ周辺でほかのオスとなわばりをかけて争い、勝者が『なわばりオス』となります。カバの歯は40本あり、犬歯《けんし》、門歯《もんし》、臼歯《きゅうし》で構成さ

　れ、下の門歯は草を掘り返すときや、犬歯と合わせて争うときにもつかわれます。争いで口を大きく開けるのは、威嚇や相手への優位性を示す意味をもちます。

　カバは1年を通じて繁殖でき、発情周期は約30日で発情期間は2日ほどです。水中で交尾し、妊娠《にんしん》期間は約210～240日で、ゾウ類の約650日やおなじ草食動物として天王寺動物園で飼育しているクロサイの約450日と比較すると非常に短いです。1回の出産で生まれる子どもは1頭です。

当園の『テツオ』が口を開けているところ。前方を向いている上下の歯4本が門歯です。

安全管理としてのトレーニング

野生のカバに近づくのは大変危険ですが、そんなカバを動物園で安全に飼育するための方法は、意外にもカバとふれあうことです。野生のカバたちは群れで体にふれあって仲間意識を高めるので、飼育員はこの性質を生かし、エサを与えて体をふれることを繰り返し、仲間意識をつくることができます。飼育員に対して口を大きく開けるのは威嚇ではなくエサを催促する意味が強いですが、うなり声や目の表情からもカバの機嫌がわかります。飼育員がカバの歯みがきをするのは、健康チェックのほか、信頼関係の構築という目的もあります。

　さらに信頼関係を深められるのがハズバンダリートレーニングです。「回れ」などの簡単な号令を出して動きを組み合わせ、それらができればエサを与えるようにし、これによってカバも充実感が得られます。おやつの草などを置く前に「待て」を覚えさせることで事故防止にもつながり、安全性も高まります。ほかにも、普段じっとしていることの多いカバは、動物園ではきっかけがないとじっとしたままで肥満になりやすいですが、「立て」でプールから上がるためのスロープを上らせて運動を促すことができます。もちろん、飼育では野生本来の行動を十分に引き出せるわけではないので、ほかにも環境エンリッチメントなどの小さな積み重ねが大切になります。

動物園での飼育の問題点と今後の課題

カバは繁殖力が高く、計画をたてずに飼育すると、十分な飼育スペースのない動物園で行き場のないカバが生まれてしまうので、多くの園でやむなく繁殖を制限しているのが実情です。動物園での動物飼育は、本来の生息域の外で種を保存するだけでなく、生きた教材として人に動物の存在を広める意味ももちます。とくに小さな子どもは、動物のことを親や先生から教えてもらったり、図鑑で見たりして知り、動物園で実物を認識します。生きた教材として目の前で観察できるのが動物園の動物であり、その中でもカバは存在感が大きい動物だと思います。今後、動物園でカバが引き続き飼育されていくには、動物園どうしの協力も必要です。

天王寺動物園

〒543-0063
大阪府大阪市天王寺区
茶臼山町1-108
TEL：06-6771-8401

文・写真：上野将志

No. 18

アフリカにすむなかま ▼

オカピ

シマウマではなく
キリンの仲間
保全が進められている動物

オカピ（*Okapia Johnstoni*）は、哺乳綱鯨偶蹄目キリン科オカピ属に分類される動物です。

オカピはコンゴ民主共和国（以下、DRC）の北東部に分布し、1901年にイギリス人の探検家ハリー・ジョンストン卿によって発見されました。外見からシマウマの仲間に間違われることが多いですが、シマウマとは全く別の、むしろウシに近いキリン科に属する動物です。キリンと同様、先端まで皮膚《ひふ》におおわれた短い2本の角（オシコーン）が特徴的ですが、雌雄ともに角をもつキリンとちがい、オカピではオスにしか角は発達しません。よこはま動物園ズーラシア（以下、当園）にいる成獣で、体重はオスで約250kg、メスはオスにくらべてやや体が大きく約300kgあります。体高は約2mで、全身は油っぽいこげ茶色の短い毛でおおわれており、脚先とお

よこはま動物園ズーラシアの方が教えてくれた　マニアックなお話

オカピの繁殖《はんしょく》

当園では、日本で唯一オカピの繁殖経験がある動物園として、現在も新たな世代の繁殖に挑戦しています。おなじ敷地内にある横浜市繁殖センターと連携して、オカピの糞《ふん》から性ステロイドホルモンを測定して排卵周期を予測し、交尾した後は妊娠判定にも活用しています。糞は飼育員が2日に1回採取し、冷凍して保管します。過去5回の繁殖データから、オカピの排卵周期は年間を通じて約2週間であることがわかっており、ホルモンの動態と日ごろの行動観察の結果を照らし合わせて、雌雄が同居する日を決めます。発情のタイミングを見誤るとオカピどうしのケンカにもつながるため、これらのデータはとても有益な資料になります。

もっとディープに!

オカピ保全プロジェクト

2012年6月24日、DRCにあるオカピ野生生物保護区内の施設が密猟《みつりょう》者によって襲撃されました。レンジャーやその家族など関係者6名が殺害され、エプールステーションで飼育されていたオカピ14頭が射殺されました。施設は放火され、そこにあったカメラやパソコンなどの機材は略奪されました。その目的は、レンジャーたちが行っていた密猟活動の取り締まりに対する報復だといわれています。その後、施設は再建され、いまもプロジェクトの活動は続いています。

現在のオカピ保全プロジェクトは、オカピの生息地を守るという直接的な活動に加え、地域の女性の就業支援や子どもたちの就学奨学金などを提供し、地域全体の生活水準向上を通じてオカピの未来を守っています。

Photo by Okapi Conservation Project

尻に白い線の縞模様《しまもよう》があります。熱帯雨林に生息し、単独行動をしながら木の葉を主食にしています。キリンやウシなどと同様に4つの胃をもつ複胃動物で、反芻《はんすう》して食べものを消化します。

オカピは人に聞こえるような鳴き声はない代わりに、低周波をつかってオカピどうしでコミュニケーションをとっているという報告があります。発情期に雌雄が出会い交尾が成功すると、約430日の妊娠《にんしん》期間を経て、基本的に1回に1頭を出産します。子どものオカピはおとなにくらべ毛足が長く、おとなにはない短いたてがみがあります。また、オカピの母乳はとても栄養価が高く、子どもはそのすべてを吸収するため、生まれてから1~2カ月は排便をしないこともわかっています。

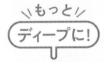

知っておきたい

野生のオカピは現在、絶滅危惧種に指定されています。生息地であるDRCの北東部にある熱帯雨林イトゥリの森を中心に、約3万5千〜5万頭が生息しているといわれていますが、詳しい実態はよくわかっていません。この森の鉱山では、パソコンなどの電子機器の部品になるレアメタルが多く採掘されます。採掘に関する人の活動は、オカピをはじめ、熱帯雨林の野生動物たちに大きな影響を与えているといわれています。

オカピはDRCの国獣に指定されており、保護対象の動物です。国のお札や切手に描かれたり、ラジオ局やタバコの名称にも使われたりと、国民誰しもに知られる動物でありながら、その希少性ゆえ、簡単に見ることができません。

リアルなぬいぐるみを保全につなげる

親子のオカピのぬいぐるみ。

横浜市立の動物園3園では、前述した世界で唯一のオカピのための保全団体『オカピ保全プロジェクト』を通じて、野生のオカピの保全活動に参加しています。

2022年には来園者の方にも活動に参加してもらう1つの方法として、飼育員が監修してオカピの体の特徴を細部まで再現したオリジナルのぬいぐるみを製作しました。ぬいぐるみにしては珍しく生殖器《せいしょくき》がついていたり、舌や毛の色もグラデーションを使っていたりと、リアルなオカピの体が再現されています。このぬいぐるみの売り上げの一部を上記の保全団体に寄付することで『動物園で見て、知って、行動する』という一連の流れをつくることができました。

ぬいぐるみを使ったガイドの様子。リアルに作っているので、説明にも役立ちます。

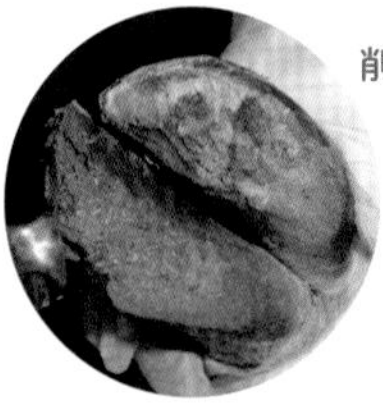
削蹄した蹄の裏。

蹄《ひづめ》の管理はとっても重要

草食動物の飼育において、蹄の管理は重要です。若く健康な個体であれば、蹄は通常の運動で自然に削れるものですが、当園のオカピの中には蹄がのびすぎて歩行が不自然になったり、痛がる様子をみせたりする個体がいました。

そこで2017年に、国内ではじめてオカピに全身麻酔をかけて、専門の削蹄師《さくていし》さんによる削蹄を行いました。削蹄師さんいわく、オカピの蹄は乳牛などにくらべてとてもかたいそうで、作業は獣医師《じゅういし》4人も加わり大仕事になりました。それ以来、定期的に削蹄をして蹄がのびすぎないように注意しながら、冬場は蹄用のオイルを塗って保湿を行っています。

よこはま動物園
ズーラシア

〒241-0001
神奈川県横浜市旭区
上白根町1175-1
TEL：045-959-1000

文・写真：森田菜摘

アミメキリン

長い首が特徴 アミメ模《も》様《よう》のキリン

キリン（*Giraffa camelopardalis*）は、哺乳綱鯨偶蹄目キリン科キリン属に分類されます。アミメキリン（*Giraffa camelopardalis reticulata*）はその中の１亜種です。

アミメキリン（以下、キリン）はアフリカ、サハラ砂漠以南のいわゆるサバンナに生息し、メスと子どもを中心に数頭〜数十頭の群れで生活しています。体長は、頭頂までの高さがオス4.7〜5.3m、メス3.9〜4.5mで、体重はオス800〜1930kg、メス550〜1180kgです。

食性は草食で、高い身長を活かし、栄養価の高い木の葉や若芽を食べています。舌がとても長く、約40〜50cmくらいあり、舌を木の枝に巻きつけて葉を引き寄せたり、葉をちぎったり、ときには鼻の掃除につかうこともあります。キリンは野生ではアカシアという木の葉をよく食べるのですが、この木にはトゲがたくさん生えているため、長い舌をつかってトゲが刺さ

旭山動物園の方が教えてくれた マニアックなお話

オスとメスの見分け方

オスの頭。
ゴツゴツとして
重くなっています。

来園者の方が、「体の色が黒っぽいのがオスで、薄いのがメスだよね」と話しているのを耳にすることがあります。キリンの体の色はそれぞれの個性なので、オス・メスの判別には用いられません。ちなみにおなじように見えるアミメ模様についても、実際には全くおなじ模様のキリンはいないといわれています。

オス・メスは、頭に注目すると区別ができます。子どものときはオスの頭はメスと同様につるっとしているのですが、成長とともにオスの頭だけゴツゴツしていきます。頭の骨が盛り上がっていき、どんどん重くなります。

野生では、オスはほかのオスと争う際に頭をぶつけあいます（『ネッキング』といいます）。オスの頭は武器としての役割があり、頭が重い方がより争いに有利であると考えられ、そのためにメスよりもゴツゴツとして重くなるのだとされています。

よく見ると、
左前肢と左後肢を
同時に前に出している
のがわかります。

長い舌を器用につかって食べます。

らないようにして葉を食べます。

多くの動物は、まず右前肢《ぜんし》と左後肢《こうし》を同時に出し、次に左前肢と右後肢を同時に出し、それを繰り返す『斜対歩《しゃたいほ》』という歩き方をします。一方、キリンは『側体歩《そくたいほ》』と呼ばれる歩き方、つまり、まず右前肢と右後肢、次に左前肢と左後肢を同時に出すといった、おなじ側の前後の足をセットで動かす特徴的な歩き方をします。キリンがこのような歩き方をする理由は、上下の振動を抑えるためだと考えられています。その方が体に負荷がかかりにくいなどともいわれていますが、はっきりとはわかっていません。

いろいろな角度からキリンを見る

旭山動物園（以下、当園）では、高低差を活かしてさまざまな角度からキリンを見ることができ、ありのままの姿を感じてもらえます。放飼場《ほうしじょう》内にはエサ箱を３カ所設置しており、キリンが長い舌をつかって器用に食べる姿や、木の枝をさすことができる給餌器《きゅうじき》で木の葉を食べる姿を、間近で見ることができます。来園者の方には、野生での食事風景をイメージしていただけると嬉しいです。

また、観察テラスはガラス１枚で仕切られていて、キリンを足下から観察することができます。キリンの歩幅の広さや歩き方などに注目してみてください。間近で見ることでしかきづけない、新たなキリンの一面をみつけることができるかもしれません。

蹄《ひづめ》の管理

当園の『あさひ』。
2歳のオスで、
落ち着いた性格です。

キリンは鯨偶蹄目に属し、蹄が写真のような形で生えています。蹄がのびすぎてしまうと足に負担がかかり、歩けなくなることもあります。飼育場所の床材を工夫したりしてなんとか自然に削れるようにしているのですが、野生下とちがい、飼育下ではどうしても運動量が足りなくなってしまうために、蹄がのびやすくなる傾向にあります。

ウマなどと同様に削蹄《さくてい》をするのですが、最中に暴れ出したりすると飼育員も危険な状態になるため、キリンから自発的に蹄を差し出してもらう必要があります。そのため、キリンとの信頼関係を築けるよう、時間をかけてハズバンダリートレーニングをしていきます。当園では２歳のオスの『あさひ』の蹄がのびてきたので、このようなトレーニングを重ねて、削蹄できればと思っています。

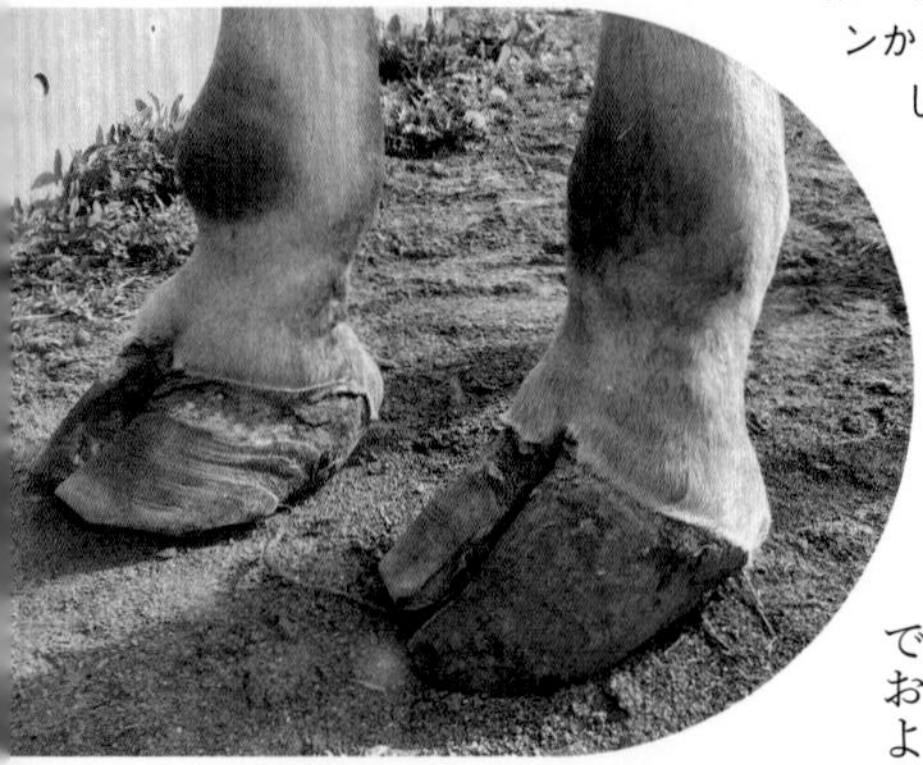

当園の個体、『ゲンキ』の蹄。

繁殖《はんしょく》期と呼ばれる季節はなく、メスは2週間に1回、約24時間の発情が来ます。その間にオスと交尾し、うまくいけば妊娠《にんしん》します。妊娠期間はおよそ15カ月です。寿命は20〜25年といわれています。

動物園ではよく見かけるキリンですが、実は野生では絶滅の危機に瀕していて、アミメキリンは絶滅危惧種（IUCNレッドリストではEN）に分類されています。アミメキリンの現在の個体数は野生でおよそ1万頭になります。

旭山動物園

〒078-8205
北海道旭川市
東旭川町倉沼
TEL：0166-36-1104

文・写真：土井尚哉

No. 20

アフリカにすむなかま ▼

チーター

走る姿が美しい！陸上でいちばん速い動物

チーター（*Acinonyx jubatus*）は、哺乳綱食肉目ネコ科チーター属に分類される動物です。学名の『*Acinonyx*』はチーターの特徴である常に出ている爪に、『*jubatus*』は子どものころの首もとにあるタテガミに由来しているといわれています。

チーターの生息地はアフリカの22カ国とイランで、おもに草原や樹木がまばらに生えている場所で暮らしています。寿命は野生では平均6.9歳（メス）、飼育下では13歳前後とされています。野生での平均寿命が短い最大の要因は、ライオンやハイエナによる子どもの捕食だといわれています。体格はオスの方が大きく、野生での平均体重はオスが45・6kg、メスが37・2kgです。おとなのメスは子育て以外では単独で生活しますが、オスはおとなになってもほかの兄弟などと生活することがあります。

肉食動物であるチーターの獲物はおもに中型（20～60kg）の草食動物のアンテロープ類です。昼行性で、狩りはおもに朝と夕方に行い、夜行性で力の強いライオンや

よこはま動物園ズーラシアの方が教えてくれた　マニアックなお話

目は口ほどに物を言う　トレーニング

当園では採血やレントゲン撮影、ワクチン接種などを、チーターがエサを食べている間に行っています。このような、チーターの健康管理のためのトレーニングでは、実施場所や人への警戒心を解いてもらうのがいちばんのコツだと思います。チーターが警戒しているときに『目を合わせない』のもその１つです。人では「目を見て話しなさい！」と言われることもありますが、チーターなどでは『目を合わせる＝敵対的』となる場合があります。実際、チーターどうしが争いたくないときは、互いに目を合わせません。人の常識もチーターには通用しないことがありますね。

出ている尻尾から、採血を行います。

知っておきたい

チーターは、かつては中東やインド中部、アフリカのサハラ砂漠以南に広く生息していました。しかし、現在アフリカ大陸以外はほとんど絶滅し、アジア地域にはイランにおとなの個体が50頭以下残るのみと推測され、絶滅の可能性が高いともいわれています。

チーターの野生での生息数は７千頭以下で、現在も減少傾向とされ、原因は生息地の破壊、害獣としての駆除、ペット用の密猟《みつりょう》などといわれています。現在、IUCNのレッドリストではVUに指定されていますが、今後高いランクに移行する可能性もあります。ワシントン条約においても、最も影響を受ける種（附属書Ⅰ）として、商業目的での国際取引が禁止されています。

現在インドでは、アフリカの個体をかつての生息地に再導入する計画が行われています。これには、その土地の在来種への影響、現地の人とのかかわり、密猟など課題もありますが、今後のチーターの生く末のためにぜひ注目していただきたいと思います。

ハイエナなどとの競合を避けています。よこはま動物園ズーラシア（以下、当園）では馬肉や鶏肉、牛レバー、牛ハツ、ヒヨコ、ウシの大腿骨《だいたいこつ》、ペレットなどをあげています。

走って獲物を捕ることに特化したチーターは時速100km以上で走ることができ、さまざまなところでほかのネコ科とは異なります。四肢《し》の骨は細くて軽く、背骨は長く柔軟性に富み、歩幅を大きくしています。爪も常に出ていて、高速走行時のグリップ力を高めています。尻尾《しっぽ》は長く、方向転換の際のバランス保持に役立っています。

野生では雌雄とも3歳前後で繁殖《はんしょく》に携わるといわれ、飼育下ではオス1〜2歳、メス2〜3歳で性的に成熟します。通年で繁殖し、交尾排卵動物《こうびはいらんどうぶつ》です。飼育下および

走る姿は美しい！　チーターラン

チーターといえば、陸上でいちばん速い動物という特徴は欠かせません。当園では『チーターラン』という高速で走るチーターの姿を来園者に見ていただくイベントを不定期で実施していて、そこでチーターの走りに特化した機能的な美しさを感じることができます。チーター自身、本来もつ能力を出すことができ、見る人にとっても楽しみながら学べる機会となっています。

実施にあたっては、チーターが機材にあたってケガをしないようにロードコーンやダンボールを設置し、夏の暑い時期には実施しないなどの配慮も必要です。一発勝負のイベントで、これまで途中でルアー（疑似餌《ぎじえ》）をゲットされてしまったり、機材がうまく動かなかったりなどのハプニングもあり、関係者はけっこうドキドキしながら実施しています。

美しいフォームで走り切ります。

食べられないの？　混合展示

当園のアフリカのサバンナゾーンの草原エリアでは、肉食動物のチーターと草食動物のキリン、グラントシマウマ、エランドの4種を一緒に展示しています。はじめてこの展示を見た人からは「大丈夫なの？ 食べられないの？」という声を聞きます。肉食動物は草食動物を獲物にするので、当然の疑問だと思います。ただし前述のとおり、チーターの獲物は中型の草食動物です。一緒にいるのは大型の草食動物なので、チーターは襲って倒すことはできません。このように、体のサイズのちがいが一緒に展示できている秘密です。

ただし、簡単に展示できたかというと、そうもいきませんでした。チーターは相手の体が大きくても追いかけるので、最初はそれに驚いた草食動物たちが展示場内を走り回りました。一方、しばらくして草食動物たちが慣れてくると、今度は草食動物たちがチーターを追いかけるようになりました。最終的には、草食動物たちが入れないチーターの安心エリアをつくることで安定し、現在の展示になりました。今後も新たな個体の搬入や、子どもが生まれるなど、動物たちが入れ替わるので、動物たちの様子をみながら展示していきたいと思います。

エランドに挑むチーター。
追いかけられることもあります。

安心エリア内で休息中……。

よこはま動物園
ズーラシア

〒241-0001
神奈川県横浜市旭区
上白根町1175-1
TEL：045-959-1000
文・写真：有馬一

野生での妊娠《にんしん》期間は平均92日、平均産子数は3〜4頭で、最大8頭の子どもを産みます。子どもは生後4〜6カ月で離乳し、そのあと母親は子どもたちに狩りの方法を学ばせるといわれています。

ヒョウ

姿を隠すのが上手
適応力が高い動物

ヒョウ（*Panthera pardus*）は哺乳綱食肉目ネコ科ヒョウ属に分類される種です。

ヒョウの体重はどの地域でもオスの方がメスよりも30～50％重いことは共通していますが、実際の体重は地域によって異なり、オス31kg、メス21kgほどの地域がある一方で、オス63kg、メス37kgとそれより大型の地域もあります。

体色は黄、橙《だいだい》、白の下地に『ロゼット』と呼ばれる濃淡2色の斑《はん》点模様《てんもよう》があるのが特徴で、この模様は人の指紋《しもん》のように個体によって異なります。中～大型のネコ科動物は地上性が強い種が多いですが、ヒョウは扇形《おうぎがた》の幅広い肩甲骨や、前肢《ぜんし》を内転できる幅広い前鋸《ぜんきょ》筋《きん》と肩甲挙筋《けんこうきょきん》などをもち、木登りに適した骨格をしています。そのため木々を活用し、樹上に獲物を引き上げて貯蔵したり、樹上にいる獲物を狩ったり、樹上から地上

日本学術振興会の方が教えてくれた マニアックなお話

クロヒョウって種名？

動物園でみかけるクロヒョウは、種名ではなく、メラニン色素が多い個体の総称で、一般的な模様のヒョウからも生まれることがあります。クロヒョウはアジアでは珍しくなく、個体群の半分近くを占める場合もありますが、アフリカではクロヒョウがみつかることはきわめてまれで、2019年にはケニアで110年ぶりにクロヒョウが撮影されました。クロヒョウは真っ黒にみえますが、ロゼット模様を確認できます。一方、ほかに『ヒョウ』とつくユキヒョウやウンピョウはヒョウと別種の動物になります。

セレンゲティ国立公園のヒョウ。木に登っているところ。

隠れ上手なヒョウの観察1

ヒョウは単独で行動し、身を隠すことに長け、サバンナなどの視界の開けた場所であっても非常にみつけにくい動物で、森林など視界の悪い環境ではまず姿を見ることができません。そのため、そのような場所ではヒョウの残した足跡や糞《ふん》などの痕跡《こんせき》や、森に設置した赤外線自動撮影カメラの解析をもとに研究を行います。

サバンナなどでヒョウの狩りを直接観察して行われた研究では、ヒョウの獲物はおもにインパラなどのウシ科動物であるとされています。しかし、ヒョウの糞に未消化のままで残っている獲物の骨や毛を分析した結果、ウシ科動物の密度が低いタンザニアのマハレ山塊国立公園では、ヒョウがウシ科動物だけでなく樹上性の霊長類も食べていることが明らかになりました。

樹上に逃げることができる霊長類を狩るのは、ウシ科動物を狩るより難しいはずですが、ヒョウは食べることができるようです。樹上性霊長類を食べる方法は、自分で狩る、ほかの動物が狩った獲物のおこぼれを得るなど、さまざまな可能性が考えられます。ヒョウは環境が変われば、獲物も変えることができるほど適応力が高いことがわかります。

糞とその中身。

の獲物に飛びかかる行動などが観察されています。

ヒョウはアフリカのサハラ砂漠以南で、偶蹄類《ぐうているい》、霊長類《れいちょうるい》、げっ歯類など、少なくとも92種を獲物としている記録があるのに加えて、魚類、鳥類、爬虫類《はちゅうるい》なども食べることが知られています。おなじ中〜大型のネコ科動物であるライオンは36種、チーターは33種を獲物とする記録から踏まえると、ヒョウは多様な種を消費しているといえます。

寿命は飼育下で20年、野生下で10年前後とされています。2〜3歳で性成熟を迎え、90〜100日間の妊娠《にんしん》期間を経て、1〜3頭の子を産みます。

知っておきたい

1750年代のヒョウの分布域。

ヒョウは野生のネコ科動物の中で最も広い範囲に生息しており、世界中のさまざまな環境への高い適応力をもつことから、保全は急務ではないだろうと考えられてきました。その一方で、ヒョウは単独性で身を隠すのがうまく、個体数の増減の把握がとても難しいことから、どれほどの個体数が残っているのかはよくわかっていませんでした。

しかし、近年の研究からは1750年代の生息域のうち25～37％の範囲まで生息域が狭まっていることがわかっており、絶滅危惧種（IUCNのレッドリストではVU）に指定されています。ヒョウは9亜種に分けられますが、とくにそのうちアムールヒョウ（*Panthera pardus orientalis*）、キタシナヒョウ（*Panthera pardus japonensis*）、アラビアヒョウ（*Panthera pardus nimr*）の３亜種の生息域は1750年代にくらべて２％の範囲にまで狭まっており、絶滅のおそれが高まっています。

ヒョウは野生動物だけでなく、家畜や人を襲うことがあります。そのため、害獣として殺害されることもあります。ヒョウの保全のためには、それぞれの地域におけるヒョウの生態を把握し、家畜を襲わなくても生きていけるように生息地を守る必要があります。また、ヒョウによって被害を受けた人々への補償など、地域ごとのサポートも行うことで、人とヒョウの衝突は緩和できるかもしれません。

隠れ上手なヒョウの観察2

森林の中でヒョウを直接観察することは難しいですが、赤外線自動撮影カメラを木に縛りつけて数カ月間設置し、前を通ったヒョウなどの動物の写真や動画を自動で撮影することで観察できます。ヒョウは体の模様で個体識別ができるため、撮影された写真からどの個体が、いつ、どこを通ったかを知ることができます。

こういった研究から、ヒョウは地域によって朝方と夕方に活発に活動する薄明《はくめい》薄暮性《はくぼせい》を示すこともあれば、昼行性もしくは夜行性を示すこともあることがわかっています。多様な環境に適応しているヒョウは、その生態や行動の地域差がとても大きいです。

赤外線センサーカメラで撮影されたマハレのヒョウ。ブルーダイカーをくわえています。

日本学術振興会
文・写真：仲澤伸子

写真提供：伴暁世

No. 22

アフリカにすむなかま ▼

ライオン

グループ社会をもつ大きな肉食獣

ライオン（*Panthera leo*）は、哺乳綱食肉目ネコ科ヒョウ属の肉食哺乳類です。

ネコ科では、トラに次いで2番目に大きくなる動物です。体長はオス1.7〜3m、メス1.4〜2.5mあり、加えて尾の長さが1m前後あります。体重もオス150〜250kg、メス120〜180kgとオスの方が重いです。かつてはアフリカ大陸〜西南アジア、さらにはヨーロッパや中東の一部まで広く分布していましたが、現在ではインドのごく限られた地域とアフリカ大陸の中部や南部にまばらに生息するのみです。絶滅したものもふくめ、ライオンはいくつかの亜種に分けられますが、学説によってさまざまです。いずれにせよ、亜種をふくめライオン全体が絶滅危惧種に指定され、なかでもアフリカ西部の個体群とインドライオン（*Panthera leo persica*）はとくに危機的状況にあります。 インドラ

編著者と日本大学の方が教えてくれた マニアックなお話

オスとメスで所属するグループはちがいます

ライオンには、メスが狩りや子育てをし、オスはハーレム状態で交尾以外何もしていないイメージがあると思いますが、それは間違いです。まず、ライオンはネコ科では珍しくグループ社会をもつ動物です。複数のメスとその子どもたちは『プライド』と呼ばれるグループで暮らし、オスはオスだけで『コアリション』と呼ばれるグループをつくります。このコアリションが一定期間だけ（長くても２～３年）プライドを占有することで、いわゆるハーレム状態（実際はオスは複数頭いることが多い）となるのです。

確かにプライド・コアリションの共同生活では、狩りや子育てはメスの仕事です。しかし、オスにも重要な役割があります。まず、プライドをほかのコアリションに奪われないように戦わなければなりません。つぎに繁殖《はんしょく》行動。ライオンのメスには決まった発情期はなく、年中発情できます。ただし、発情は２～３日しか続かず、かつ、プライド内のメスたちの発情周期は同調することが多いため、複数のメスと昼夜問わず、およそ15分ごとに交尾します！ これは、メスの排卵が交尾刺激《こうびしげき》で起こることにも関係しています。

なお、有名な『ライオンの子殺し』は、メスが子育て中には排卵・発情が起こらないために発生します。つまり、前のコアリションを追い出したオスたちは、まず前のオスたちの子どもを殺さないと、自分の子孫をつくれないのです。自分の子どもを殺すことはありません。そして、生まれたメスは成長するとそのプライドにとどまりますが、オスは３～４歳でプライドを出る、あるいは追い出されてコアリション（兄弟の場合が多い）で生活します。

強力な犬歯と臼歯を備えたネコ科の中で、NO.2の大きさを誇るだけでなく、唯一群れで狩りをするライオンは、やはり百獣の王なのかもしれません。

イオンは、日本では野毛山動物園、よこはま動物園ズーラシアで見ることができます（2022年12月時点）。

ライオンをふくむネコ科が所属する食肉目には、ほかにイヌ科やクマ科などたくさんの科がありますす。その中でも、ネコ科はとくに肉食に特化したグループです。歯を見ると一目瞭然で、大きな牙《きば》（犬歯《けんし》）と尖《とが》った奥歯（臼歯《きゅうし》）が目立ちます。巨大な犬歯は、殺すための歯。獲物の首に咬《か》みつき、脊《せき》髄《ずい》破壊、頸動脈《けいどうみゃく》切断、気管圧迫を行って絶命させます。一方、尖った臼歯は裂肉歯《れつにくし》と呼ばれ、ステーキを切るナイフのように肉を切断することに特化した歯です。食べものを砕くための後臼歯《こうきゅうし》は退化し、ほぼ機能しておらず、いかに肉食に特化した動物かがうかがえます。

もっと
ディープに!

Wild meǽt Zooの活動

現在、日本各地でニホンジカやイノシシの生息数が急速に増え、農林業や生態系、人々の生活に被害をもたらし、社会問題となっています。対策として、生息数を管理するために年間100万頭以上を捕獲していますが、生命倫理《りんり》の面からも、捕獲個体を処分するのではなくジビエなどに活用することが求められています。

一方、動物園では飼育動物が快適に暮らせるように配慮する必要性が高まっています。飼育環境にさまざまな工夫を凝らし、動物の暮らしを豊かにする取り組みを『環境エンリッチメント』といいます。欧米の動物園では屠殺《とさつ》した動物をそのまま大型肉食動物に与える『屠体給餌』が効果を上げていますが、日本では大型家畜の屠体を入手するのは非常に難しく、実施が難しい状況にありました。

Wild meǽt Zoo（ワイルドミートズー）は、このような捕獲した野生動物を屠体として、動物園の飼育動物の環境エンリッチメントのために使用することで、動物園の動物福祉の課題と、地域の獣害問題を結びつけ、解決を目指そうとしています。

屠体給餌の事前説明（豊橋総合動植物公園のんほいパーク）。

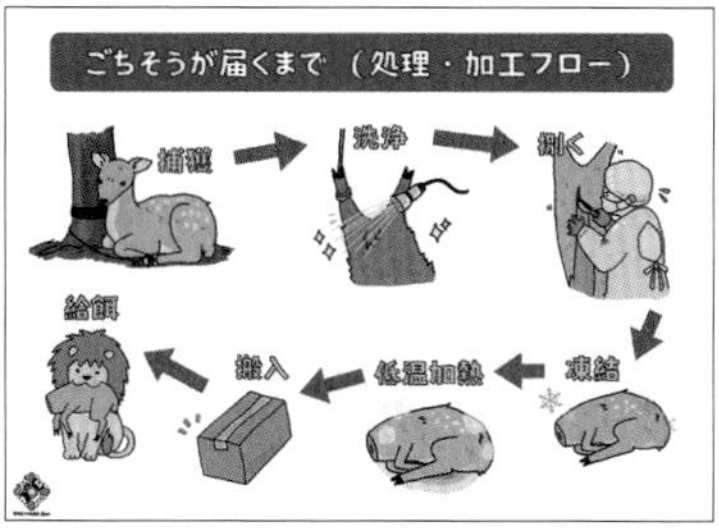

捕獲個体を用いた屠体給餌の流れ。

屠体給餌《とたいきゅうじ》と効果

屠体給餌とは、屠殺した動物をほぼそのままの状態で飼育動物に与える方法です。これによって、肉食動物は普段のエサ（肉の塊）ではできない、毛や皮を剥《は》ぎ取ったり、骨を噛《か》みちぎったりする行動ができます。ライオンに屠体を与えると、ゆっくり時間をかけて食べ進めることができ、暇な時間を減らすことができます。

文（基本情報）：大渕希郷【どうぶつ科学コミュニケーター、Wild meǽt Zoo】
文（屠体給餌）・写真：細谷忠嗣【日本大学生物資源科学部、Wild meǽt Zoo】

採食様式が多様化する効果もあります。ライオンでは、屠体をくわえて振り回す、くわえて走り回る、ネコパンチする、藁《わら》で隠すなど、普段はみられない多様な行動が観察されており、本来の野生下での狩りにおける行動の一部を再現できていると考えられます。また、常同行動《じょうどうこうどう》などの異常行動の減少もみられ、環境エンリッチメントとしての効果も確認されています。

しかし、屠体給餌には衛生面での注意点もあります。野生動物は衛生的な管理下になく、寄生虫や病原性のウイルス類などをもつ可能性があるため、屠体には人の食品衛生の基準を参考に、一定水準以上の安全性が求められます。そのために、病原体をふくむ危険性が高い内臓、頭部、血液を除去し、殺菌処理をします。加熱して殺菌処理を行うと安全性は確保できますが、タンパク質が変性し、肉の食感が変わり、ライオンの好みに合わなくなる可能性があります。さらに肉の毛が抜けて、ライオンがエサの毛を剥ぐなどの「ライオンにとって自然な採食行動を目指す」という機能を損なう可能性があります。そのため、より生肉に近い食感を保てる低温殺菌処理を行い、衛生的でより自然に近い屠体を確保しています。

ブチハイエナ

立場はメスが上です！
食欲も好奇心も強い動物

ブチハイエナ（*Crocuta Crocuta*）は、哺乳綱食肉目ハイエナ科ブチハイエナ属に分類されるハイエナ科の最大種です。

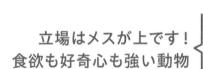

ブチハイエナはアフリカ、熱帯雨林を除くサハラ砂漠以南に分布しています。ハイエナ科では最大種で、体重は40～85kgになり、メスはオスよりひとまわり大きくなります。頭部が大きく、アゴの力が強く、獲物の骨を砕く特殊な歯ももっています。メスの生殖器《せいしょくき》はオスのそれとよく似ており、メスには陰核《いんかく》が発達し、オスの生殖器のような形になった擬《ぎ》陰《いん》茎《けい》と、睾丸《こうがん》のような形で脂肪組織が詰まっている擬陰嚢《ぎいんのう》があるため、外見での性別判定は困難です。性判別をする場合は、血液などを用いてPCR検査を行い、遺伝子を調べます。

周年繁殖《はんしょく》で、発情周期は14～15日で、オスは2歳、メスは2歳半～3歳で性成熟します。約110日の妊《にん》

のいち動物公園の方が教えてくれた　マニアックなお話

母親がしっかり子どもの世話をします。

ブチハイエナは難産《なんざん》になりやすい

のいち動物公園（以下、当園）では2012年にはじめてブチハイエナの子どもが１頭生まれ、成育し、2013年にも２頭が生まれています。2013年の繁殖時には難産だったため（はっきりとした理由は不明）、帝《てい》王切開《おうせっかい》で出産しており、それ以降、妊娠しても死産であったり、発情が不明瞭であったりと、繁殖が不安定となっています。

そのため、飼育員は監視カメラやオスの行動からメスの発情のタイミングを見落とさないよう観察し、交尾が確認できた場合には研究機関にホルモン検査を依頼したり、メスの体形や行動を記録したりして繁殖に備えています。

好きだけど気をつけないとイヤになる　トレーニング

当園では、2012年からブチハイエナに対して健康管理を目的にハズバンダリートレーニングを行っています。トレーニングによって、飼育員が腹部や乳頭を確認できる姿勢をブチハイエナにとってもらい、妊娠を判断することもできるようになります。

2022年には複数個体で無麻酔での採血ができるようになり、血液検査で大きな異常がないことがわかりました。今後、体重測定なども行えるようにトレーニングを進め、健康・繁殖管理をしていきたいと考えています。

ブチハイエナはほかの個体とも、人とも遊ぶのが好きで、トレーニングも遊びの一環として積極的に取り組んでくれます。しかし非常に警戒心が強く、一度警戒するとそれを解くのに時間がかかります。そのため私たちはブチハイエナたちが「イヤだ！ 楽しくない！」と思わないよう、退屈していそうなときに行うなど、なるべく楽しいトレーニングができるよう心がけています。

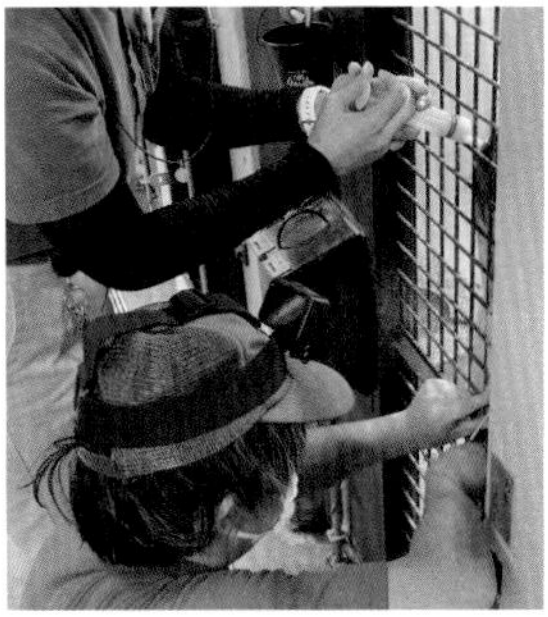

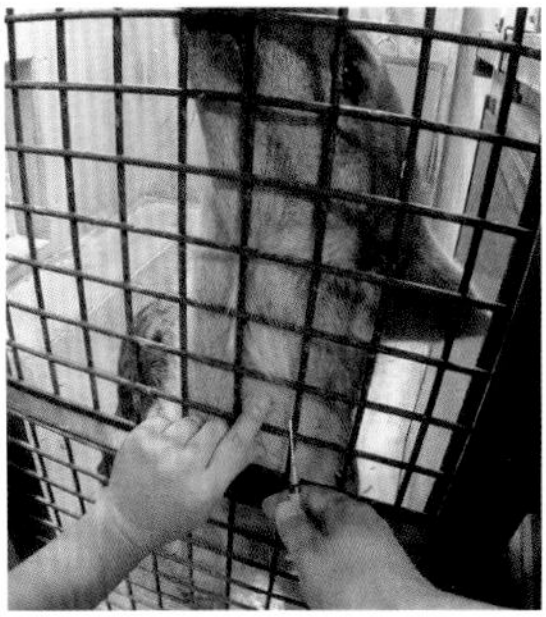

トレーニングによって、スムーズな採血も可能になりました。

娠《しん》期間を経て、１～1.5kgの子どもを１～４頭出産します。擬陰茎の先から出産するため産道が細長く、とくに初産では難産が多いです。

野生下で20年以上生きることはまれですが、飼育下での寿命は25年ほどです。40年以上生きた例も報告されています。

ＩＵＣＮのレッドリストでは低危険種（ＬＣ）に分類されています。

もっと ディープに!

産んだのを覚えていたのか保護心か

当園で2013年に２頭の子どもが帝王切開で生まれたとき、母親は麻酔で意識がなかったので、子どもを産んだことを覚えていないはずです。しかし、手術の傷の痛みがあり授乳は十分には行えなかったものの、母親は子どもを受け入れ、攻撃することなく世話しました。生後１週間ほどで１頭が衰弱してしまい、１カ月の人工哺育を行った後に母親に戻すと、そのときも再びおなじように世話をしたのです。

ブチハイエナは共同で巣穴をつかいますが、通常はほかの個体の子どもを育てないと考えられています。母親がわが子を覚えていたのか、別の理由で子育てしたのか……。いずれにしても母親の行動に助けられたできごとです。

のいち動物公園

〒781-5233
高知県香南市野市町
大谷738
TEL：0887-56-3500

文:木村夏子
写真:のいち動物公園

メスの方が順位は上!

ブチハイエナはメスをリーダーとした、『クラン』と呼ばれる数頭～数十頭になる群れをつくりますが、群れの中での順位はメスの方が上です。当園のペアでも１つしかないエサはメスのものですし、オスは献身的にメスにグルーミングしますが、メスがし返すことはありません。それでもペアで行動していることが多く、よく一緒に遊び、休息するときも近くにいることが多いです。

エンリッチメント ～悩ましい、強すぎるアゴと食欲～

ブチハイエナはアゴの力が強く、食欲も旺《おう》盛《せい》です。ほかの肉食動物で遊具として与えることがあるタイヤやブイ（浮き袋）などは、かじってのみ込んでしまう可能性があるため、使用できません。エサを完食するのも早く、２kgの精肉は１分程度で食べてしまいます。

そのため、飼育員は食べるのに時間のかかる、食べても大丈夫なものを与え、エサによってブチハイエナはどんな行動をするのか、どのくらいの時間を与えたものに費やすのかを調べています。たとえば氷の中にエサを入れたり、完食するのに２～３日かかる大きくかたい骨を与えたり、有害駆除されたシカの屠体《とたい》を与えたりと、いろいろ工夫しています。職員が観察すると通常と異なる行動が出やすくなってしまうため、『のいち動物公園ボランティアズ』のメンバーの方にお願いし、職員が分析を行っています。

エサとしてシカの屠体を与えた日。低温加熱処理をして与えています。

No.
24

アフリカにすむなかま

▼

アルダブラゾウガメ

どっしり大きくゆったり動く
知能が高い爬《は》虫類《ちゅうるい》

アルダブラゾウガメ（*Aldabrachelys gigantea gigantea*）は爬虫綱カメ目リクガメ科アルダブラゾウガメ属に分類される種です。

カメはおもに陸上、淡水、海水で暮らす仲間が存在しますが、アルダブラゾウガメは陸上で生活するカメの中で世界最大級の大きさをもちます。3亜種が存在し、インド洋の、セーシェル共和国のアルダブラ環礁《かんしょう》に自然分布し、モーリシャス島、セーシェル諸島の島々、タンザニア連合共和国などに移入されています。

カメの多くはメスの方が大きくなりますが、アルダブラゾウガメはオスの方が大きくなる傾向にあります。性成熟するとオスはメスよりも尾が長く、頭も大きくなり、お腹の甲羅《こうら》（腹甲《ふっこう》）の中央がくぼみます。このくぼみにより、交尾の際、ドーム型をしたメスの甲羅にオスのお腹がフィットします。

野生下ではよく集団で行動する

ゾウガメは2種類？

ゾウガメというと、ガラパゴスゾウガメを思い浮かべる人も少なくないと思います。種名に『ゾウガメ』とついていますが、ガラパゴスゾウガメとアルダブラゾウガメは、（ともにリクガメ科ですが）系統分類学的にいうと、実は近いグループではありません。

生息している島の距離も太平洋／インド洋と離れていて、それぞれが生息する島々にはそれぞれにとって近縁な種が存在します。ガラパゴスゾウガメの仲間は、ガラパゴス諸島の島々によって種が分かれていて、現生のガラパゴスゾウガメ種群は14種存在します（14亜種ともされます）。アルダブラゾウガメの仲間はいずれもセーシェル諸島に生息し、アルダブラゾウガメのほかにセーシェルセマルゾウガメとセーシェルヒラセゾウガメの３亜種が現存しています。

アルダブラゾウガメは頭がいい

ゆっくりした動きからはそのように見えませんが、アルダブラゾウガメは実はかなり頭がよく、記憶力や学習力が高い動物です。

東山動植物園（以下、当園）では、アルダブラゾウガメに自ら歩いて移動してもらうために『ターゲットトレーニング』を実施しました。ターゲットトレーニングとは、あるターゲット（目標物）をタッチすると報酬《ほうしゅう》が貰えるようにすることで、ターゲットにタッチするための移動や動作を促すトレーニングです。赤テープを巻いたペットボトルをターゲットにし、アルダブラゾウガメに、徐々にこれに鼻先でさわると報酬のエサがもらえる（実際にはアルダブラゾウガメがターゲットにさわると、飼育係がカチッとクリッカーでOKの合図を鳴らしてから報酬を与える）ことを学習させると、ほぼすべての個体がこれを覚え、ターゲットまでの距離が多少離れていても、自らさわりにこようとしました。しかも、数年間このトレーニングを行わず、トレーニングを再開すると、以前行ったトレーニングを覚えていて、すぐにターゲットにさわろうとしました。また、色彩の認知にも優れていることから、赤以外の色もちゃんと覚え、自分の覚えた色にだけ反応することもわかりました。

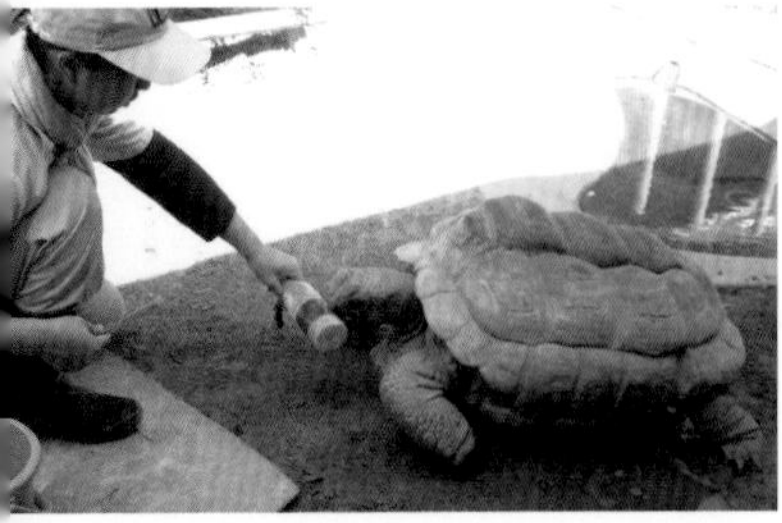

赤テープを巻いたペットボトルを認識し、タッチしているところ。

交尾ではオスがメスの上に乗るため、オスのお腹の甲羅はくぼんでいます。

ことが知られており、数十頭が列をなして移動する姿が観察されます。動きは鈍いですが、岩場やちょっとした坂などは軽快に登ることができ、大きさからは想像もつかない動きがみられます。アルダブラゾウガメの生息地はサンゴ礁が隆起したゴツゴツとした地面が多いのですが、ゾウガメが歩くことで道筋の岩が徐々に削られることもあるようです。

基本的には草食性の動物で、まれに動物の死骸などを食べることもあります。食べる際は舌に草を

もっとディープに！

セーシェルヒラセゾウガメと同定された個体（左）と、通常のアルダブラゾウガメ（右）。

日本では、アルダブラゾウガメの３亜種のうち、アルダブラゾウガメ以外は飼育されていないと考えられていました。しかし、当園の個体のうち、１頭の甲羅の形がちがうことが以前から疑問視されていました。亜種を甲羅の形状のちがいで同定できることを知り、当園の飼育個体を手始めに、全国の園館のアルダブラゾウガメの甲羅の形状を調べることにしました。日本の園館19施設で58個体を調べた結果、セーシェルセマルゾウガメと思われるゾウガメが3頭、セーシェルヒラセゾウガメと思われるゾウガメが５頭確認されました。当園の疑わしい個体もセーシェルヒラセゾウガメであるという結果になりました。

「遺伝子で種を同定できないの？」と思われる方もいると思います。当園の６頭で一部の遺伝子を解析したところ、すべての個体で遺伝子の塩基配列が一致、つまり「遺伝子の解析では種はわからない」という結果になりました。実は、カメの仲間は爬虫類の中でも遺伝子の変異が少ないことが知られ、アルダブラゾウガメはそのカメの中でも遺伝子の変異がきわめて少ないとされます。遺伝子による種の同定には、さらなる研究が必要なわけです。

暑さが苦手な熱帯の動物

アルダブラゾウガメはインド洋の熱帯地方に生息していますが、非常に暑さが苦手です。生息地では雨季になると温度がかなり高くなり、日中に死亡してしまう危険性があり、炎天下を避けるために洞窟《どうくつ》に移動することもあるそうです。

動物園ではさまざまな工夫をして夏の暑さをしのぎます。屋根はもちろん、ミストを噴射したり、水を張ったぬた場を作って入ってもらったり、飼育係が直接ホースで水をかけたりします。アルダブラゾウガメはぬた場に入るのが好きで、体を冷やすだけでなく、体に泥をつけて寄生虫などの付着を防いでいると思われます。暑い日はぬた場の中でじっとして過ごし、よく昼寝もしています。

くっつけ、口の中に引き寄せます。生息地では、地面の草だけでなく、届く範囲の低木の葉なども食べます。動物園でも、足や首をのばして木の葉を食べることがあります。水を飲むときは鼻から吸い、これは小さな水たまりからでも効率よく水を飲むために適応したものと考えられています。

この種は、かつて人による乱獲が原因で、大量に数を減らしてしまいました。現在では手厚く保護され、絶滅危惧種（IUCNのレッドリストではVU）に指定されています。

暑い日はぬた場でひと休み。

東山動植物園
〒464-0804
愛知県名古屋市千種区
東山元町3-70
TEL：052-782-2111
文・写真：藤谷武史

No. 25

アフリカにすむなかま ▼

ダチョウ

強いキックが得意
持久力がある、走れる鳥

ダチョウ（*Struthio camelus*）は、鳥綱ダチョウ目ダチョウ科ダチョウ属に分類される鳥類です。４亜種が存在し、国内で飼育されている多くは家畜種のアフリカンブラックです。

ダチョウはアフリカの乾燥地帯に分布する世界最大の鳥で、適応能力が高く、暑さだけでなく寒さにも大変強いです。

おもに食用・食用卵のためにつくられた家畜種（アフリカンブラック）は、体重120 kg前後、頭高2.5 mほどの大きさです。脇～足は裸出し、首～頭は細かな綿羽《めんう》が生えています。空を飛ばないので翼《つばさ》は小さく、竜骨突起《りゅうこつとっき》はありません。翼には指爪が残り、内側には羽毛がありません。羽毛は、オスは黒色で風切羽《かざきりばね》と尾羽が白く、メスは灰《はい》褐色《かっしょく》です。強靭《きょうじん》な足をもち、足指は2本で鉤爪《かぎづめ》があります。時速50 kmの速さで走り、持久力もあります。頭は小さく目はとても大きく、視力が優れています。

野生では広範囲を移動して草や

もっと ディープに!

ダチョウは家畜として古くから定着し、「捨てるところがない」と言われるほど産業動物としても利用されています。日本では1990年代より沖縄や北海道で導入され、徐々に全国に拡大しました。

また、ダチョウは非常に高い免疫力をもっていて、動物園でも成鳥を治療することはほとんどありません。多少のケガは何もせずとも治り、化膿《かのう》することはめったにありません。その高い免疫力が注目され、ダチョウ抗体を使ったマスクが商品化されています。

秋吉台自然動物公園の方が教えてくれた マニアックなお話

好奇心旺盛《こうきしんおうせい》！　近づいてきます

秋吉台自然動物公園（以下、当園）では開園当初からダチョウの飼育をはじめました。夏は35度以上、冬はマイナス５度になる山口県の環境にも、強靭な肉体をもつダチョウは適応します。当園では広大な草食動物エリア内で、草食哺《は》乳類《にゅうるい》と混合飼育しています。

体の大きなラクダやスイギュウに臆《おく》さずエリア内を闊歩《かっぽ》し、好奇心も旺盛で、来園者の車両にも遠慮なく近づきます。ときどき本当に接触しそうな距離まで迫るので、担当者はひやひやしています。とくにオスの『コクリン』は、獣医師《じゅういし》が乗る動物病院車に対して威圧的で、「自分の方が強い」と翼を広げ、ケンカを売りに来ます。また、肉食動物エリアにつながるゲートへも接近し、出ようとするので追い返しています。彼らの学習能力はあまり高いとはいえず、おなじことを繰り返す個体もいます。なんとか覚えさせられないか……。

ぐいぐい接近し、
病院車を威圧するコクリン。

水浴びが大好き

野生では乾燥した地域に生息するダチョウですが、実は水浴びが大好きです。夏の暑い日にはスタッフに一生懸命《いっしょうけんめい》アピールし、群がって水をかけてもらいます。ホースからジャバジャバ水をかけてもイヤがらず、座り込んでしまうほどに気持ちよさそうです。大した防水力のない彼らの羽は水に濡れると重くなりますが、体をプルプル振って気分よく戻っていきます。

葉、枝、木の実、昆虫《こんちゅう》など、さまざまなものを食べます。胃は消化酵素を出す『腺胃《せんい》』と、食べものを擦って砕く胃石（のみこんで溜めた小石）をふくむ『筋胃《きんい》』からなります。腸管が約23mと非常に長く、エサの通過速度も約36時間と長くかかります。

繁殖《はんしょく》可能年齢はオスで3歳、メスで2歳ごろです。発情時期になると、オスは嘴《くちばし》や脛《すね》が淡いピンクから濃い赤へと変化し、座って翼を広げて揺らす『ディスプレイ』と呼ばれる求愛ダンスでメスにアプローチします。対して発情したメスは羽をパタつかせ、体を上下に揺らす発情姿勢をとります（フラッタリング）。

メスは年間40個ほど卵を産みます。たとえ受精卵だったとしても、飼育下での自然繁殖は難しく、国

何でも丸のみ！大きな嘴

舌が発達していないダチョウは、口に入ったものを味わうことなく丸のみします。大きな草食動物用ペレットも丸のみし、外から見ると食道を通過する様子がよくわかります。嘴が大きいですが、先が丸いのでさわってもそこそこ安全です。お客さんにエサやり体験をしてもらうとき、手のひらに乗せたペレットを勢いよくつつくので、何ともいえない感触があるようです。

お尻のハゲが悩みの種

悩みはダチョウどうしの毛引き行動です。毛引きの対象となった個体のお尻はほかの個体によって毛が抜かれ、とっても寒々しいです。本人はそれほど気にしていないようですが、「お尻がハゲているのはかわいそう」と思ってその子だけ寝室を分けても、今度はほかの子のお尻の羽が徐々になくなってしまいます。日中は見られないので、暇をもてあましている夜間の行動かと思うのですが、全羽を個室にするわけにもいかず、悩ましい限りです。

毛引きされたダチョウ。何とも寒々しいです。

施設移動は大変！

ときどき飼育施設どうしでダチョウを移動するのですが、この巨大な鳥を捕獲し、輸送檻《ゆそうかん》に入れ、ユニック車（クレーンを装備したトラック）で運ぶのは大仕事です。当然、ダチョウたちはイヤがってすごく抵抗するので、いかに安全に捕獲できるかが鍵となります。

ダチョウのキック力はおとなでも倒れるほどの威力なので、隙をついて頭を保《ほ》定《てい》し、体を抱え、目隠し用のフードを被せます。オスだと男性スタッフ３～４人がかりで捕獲します。おとなしい性格の個体ではスタッフが後ろから追いかけて輸送檻に入れることもあります。輸送檻は広すぎると、中でダチョウが暴れてケガをするので、ほどよい大きさを選びます。

ふ化中のヒナ

ふ化2日後のヒナ

体が大きくなるので、成長には十分な運動と食事が欠かせません。数羽で育てる方が競ってエサを食べ、運動もするので、育成率が高いです。育雛《いくすう》期には足の病気になりやすく、注意が必要です。

内での成功例は数少ないです。日本の多湿の気候が原因とも考えられています。

当園ではふ卵器で人工ふ化を行っており、ふ化日数は42日とほかの鳥にくらべて長めです。卵は厚さ2㎜の卵殻をもち、中で発生がはじまり、ライトで照らすとヒナの成長の様子がわかります。この厚い殻を割って出るのがヒナにとって最初の大仕事です。

秋吉台自然動物公園
〒754-0302
山口県美祢市美東町
赤1212
TEL：08396-2-1000
文・写真：大下梓

No. 26

アフリカにすむなかま ▼

フラミンゴ

鮮やかな羽が特徴 世界中でみられる鳥

フラミンゴは鳥綱フラミンゴ目フラミンゴ科の総称です。世界には6種類が存在しています。

世界には6種類のフラミンゴがいます。コフラミンゴ(*Phoeniconaias minor*)はアフリカを中心に、ヨーロッパフラミンゴ(別名：オオフラミンゴ、*Phoenicopterus roseus*)はアフリカ～南アジア・南ヨーロッパに、ベニイロフラミンゴ(別名：キューバフラミンゴ、*Phoenicopterus ruber*)は中央アメリカを中心に、チリーフラミンゴ(別名：チリフラミンゴ、*Phoenicopterus chilensis*)、アンデスフラミンゴ(*Phoenicoparrus andinus*)、コバシフラミンゴ(別名：ジェームスフラミンゴ、*Phoenicoparrus jamesi*)は南アメリカに生息しています。それぞれ塩湖や干《ひ》潟《がた》で、数千～数万羽、ときには数百万羽になる大きな群れをつくって集団行動しています。日本ではコフ

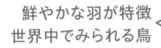

宮崎市フェニックス自然動物園の方が教えてくれた マニアックなお話

フラミンゴの繁殖《はんしょく》のために

フラミンゴはオスが羽ばたいてメスの背中に乗り、交尾を行います。昔、宮崎市フェニックス自然動物園（以下、当園）では、フラミンゴを天井のないオープンなエリアで飼育展示していたので、切羽《せっぱ》をしていました。切羽とは風《かざ》切羽《きりばね》の一部を切り落とすことで飛べなくする、もしくは飛翔《ひしょう》能力を抑える処置です。その影響でオスが羽ばたけず、繁殖がうまくいきませんでしたが、飼育展示場を網で囲って切羽を止めたところ、フラミンゴが繁殖するようになりました。以前の繁殖は春先に多くみられていましたが、飼育下では栄養が豊富なのか、近年では秋口にもみられるようになっています。

真っ赤なミルクで子育て

授乳前（左）と授乳中（右）のベニイロフラミンゴ。フラミンゴミルクを出すと、色素も体から出て、羽の色が白っぽくなります。

フラミンゴはフラミンゴミルクと呼ばれるミルクのようなもので子育てをします。鳥類ですから母乳ではなく、食道にある素嚢《そのう》から出る栄養豊富な分《ぶん》泌液《ぴつえき》のことで、それを嘴でヒナに与えます。ミルクには、羽の色を構成する色素が混ざっていて、血液かと思うくらい真っ赤です。この色素は、野生下ではエサのエビなどの甲殻類《こうかくるい》やスピルリナなどの藍藻類《らんそうるい》にふくまれるカロテノイドという色素です。飼育下で与えているフラミンゴ用ペレットにはカンタキサンチン、オキアミにはアスタキサンチンがふくまれていて、これでフラミンゴのきれいなピンク色を維持しています。当園ではさらにカロテンをふくんでいるニンジンを擦ってエサに混ぜています。

フラミンゴミルク（ヨーロッパフラミンゴ）。

コフラミンゴの子育て。母親が授乳している様子。

ラミンゴ、ヨーロッパフラミンゴ、ベニイロフラミンゴ、チリーフラミンゴの4種類が飼育されています。

フラミンゴで面白いのは繁殖行動です。一般的に、春先に『旗振《はたふ》り』という首筋をのばして頭を左右に振る行動や、『敬礼』というお辞儀《じぎ》をしながら翼《つばさ》を広げる行動がみられます。これが繁殖期のはじまりを示すのです。その後、ペアが決まり、ペアでの巣作りがはじまります。巣の形状も面白く、嘴《くちばし》でまわりの土を集めて台形の巣を作ります。飼育下では、飼育員が繁殖期前に土を入れ替えたり、ほぐしたり、ちょっとした土山を作ったりして、巣作りを手伝います。その巣に1個の卵を産み、ペアで抱卵《ほうらん》します。卵は抱卵がはじまって約1カ月でふ化します。

ヒナにも面白い形態がみられま

美しいフラミンゴショー

当園では1971年の開園からチリーフラミンゴ200羽によるフラミンゴショーを行い、その美しさと整然とした動きが人気を博しました。その後、チリーフラミンゴの飛翔している姿を来園者の方々にもお見せしようと2012年にフラミンゴショー会場をリニューアルして、約60羽のチリーフラミンゴによるフライングフラミンゴショーをはじめ、現在は当園を代表するイベントになっています。

当園の繁殖について

当園では1971年の開園からチリーフラミンゴを導入し、繁殖にも力を入れようと1975年に新たにフラミンゴ村をつくり、チリーフラミンゴに加えてコフラミンゴ、ヨーロッパフラミンゴ、ベニイロフラミンゴの3種類を導入しました。1983年以降、チリーフラミンゴは順調に繁殖しています。また、1987年にはヨーロッパフラミンゴが、1991年にはベニイロフラミンゴが繁殖し、2012年から3年連続でコフラミンゴの繁殖にも成功しています。

さて、2022年6月9日にコフラミンゴとヨーロッパフラミンゴの混合展示場に、卵が1つ転がっていました。卵の大きさからヨーロッパフラミンゴが産み落としたものと思われ、そのままふ卵器に入れて人工ふ化を試みたところ、7月7日に無事ふ化をしました。ヨーロッパフラミンゴでは9年ぶりの繁殖です。

現在では、フラミンゴ4種類で約300羽を飼育展示しています。しかし、チリーフラミンゴ以外のフラミンゴの繁殖は決して順調とはいえません。今後はチリーフラミンゴ以外のフラミンゴの繁殖にも、より力を注いでいきたいと考えています。

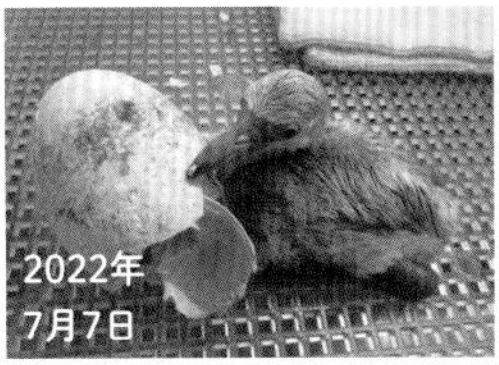

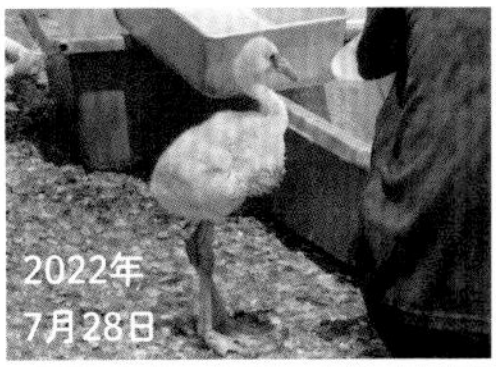

ヨーロッパフラミンゴのヒナ。人工ふ化、人工育雛《いくすう》を経て、すくすくと成長しました。

す。ふ化したてのヒナの羽は、なんと灰色がかった白です。また、親鳥とちがってヒナの嘴はまっすぐで、これは親鳥からミルクを受け取りやすくするためと考えられています。

やがて、ヒナをおおっていた白い綿羽《めんう》が徐々に灰色の綿羽に生え変わり、ふ化後2カ月ごろには幼鳥の灰色の羽になります。同時に嘴も徐々に親鳥のようにカーブを描きはじめます。親鳥のようなピンク色の羽になるには、3年ほどかかります。

宮崎市フェニックス自然動物園

〒880-0122
宮崎県宮崎市大字塩路字浜山3083-42
TEL：0985-39-1306

文・写真：竹田正人

写真提供:井の頭自然文化園

No. 27

アフリカにすむなかま

▼

ミーアキャット

地下トンネルで生活する 2本足で立つ姿が かわいい動物

ミーアキャット(*Suricata suricatta*)は、哺乳綱食肉目マングース科スリカータ属に分類されています。

アフリカ大陸南部に広く分布しており、幅広い頭、大きな目、尖《とが》った鼻、長い脚、斑《まだら》模様《もよう》の毛並みが特徴です。体長は30㎝前後で、尾の長さは2㎝ほど、体重は0.6〜1kgになる肉食動物です。穴を掘るのに適した長い前爪をもちます。

昆虫《こんちゅう》、クモ、サソリなどの節足動物、トカゲや小型のヘビなどの爬虫類《はちゅうるい》、鳥類、ネズミなどの小型哺乳類《ほにゅうるい》のほか、木の芽や実などさまざまなものを鋭い歯でバリバリと食べます。

ミーアキャットはやや乾燥したサバンナに穴を掘って暮らしています。その巣穴の出入り口は直径10㎝程度ですが、深さは1.5mもあり、いくつもの層に分かれて大きな地下トンネルのネットワークを

つくっています。巣穴は、寒暖差や大雨などの厳しい気候からミーアキャットを守る役割があります。社会性があり、2頭のペアから30頭くらいまでのグループをつくってその巣穴で集団生活をしています。グループの中でいちばん力があるオスとメスが繁殖《はんしょく》します。妊娠《にんしん》期間は60～70日程度で、3～7頭の子どもを産みます。それらの子どもは、両親だけでなく残りの仲間たちも一緒になって世話をします。

田園調布動物病院

文:田向健一

田園調布動物病院の方が教えてくれた　マニアックなお話

ペットとして飼っていいの？ ミーアキャット

写真提供:井の頭自然文化園

ミーアキャットは2本足で立つ格好やしぐさがかわいらしいことなどから、動物番組や動物園でよく見かける小動物です。そして最近では、ペットとして飼育する人が増えてきており、ときどき私の動物病院にも来院することがあります。ペットのミーアキャットは、海外の繁殖場や日本国内でふやされた個体を、ペットショップやブリーダーを通じて入手することができます。現在のところミーアキャットの飼育に関しての規制はありませんので、誰でも購入、飼育することができます。

しかし、知ってほしいことがあります。飼われているミーアキャットに関して当院への問い合わせでいちばん多いのが、不妊手術と肛《こう》門腺《もんせん》（お尻にあるにおいの袋）を除去してほしい、犬《けん》歯《し》（長く鋭い歯）を抜いてほしいという相談です。ミーアキャットは野生下ではオスとメスがつがいになり、そのもとに何頭かの個体が一緒に暮らしています。そのグループには強さに応じた社会的階級があります。ペットとして飼育している個体も、その野生の性質をそのままもっています。とくにオスでは、飼い主１人だけを認めて、ほかの家族を受け入れることをよしとしない傾向があります。発情期になると、認めた飼い主以外の人に対して攻撃したり咬《か》みついたりすることがよく起きます。その発情期の行動を抑えるために不妊手術や、咬まれても大ケガにならないように犬歯を抜いてほしいというのです。加えて、興奮したときに肛門腺《こうもんせん》から分泌物《ぶんぴつぶつ》をまき散らすと、部屋がくさくなって大変なので、肛門腺の摘出手術を依頼されます。

このように見た目がいくらかわいらしくても、実際に飼ってみると咬まれてケガをしたり、においが強く飼いづらかったりと大変な思いをすることを知っておいてください。

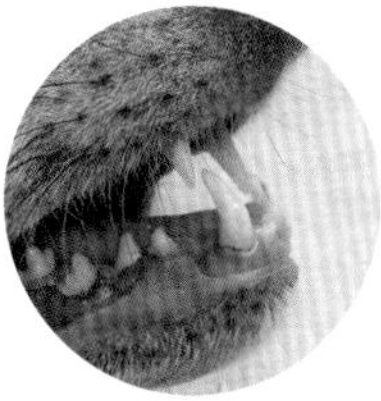
鋭い犬歯（牙《きば》）。
これで咬まれたら大変なことに。

写真提供:井の頭自然文化園

写真提供：那須どうぶつ王国

ペット利用で絶滅のおそれが高まる野生動物

かわいく、愛らしい姿やしぐさを見せてくれるペット。ペットとの暮らしは、私たちに命の大切さを教えてくれるだけでなく、一緒に暮らす喜びや癒《いや》しを与えてくれます。近ごろは、コツメカワウソやサルといった、もともとは自然の中で生きている動物（野生動物）がペットとして飼われるようになりました。しかし、こうした野生動物のペット飼育には、その動物を追い詰めるようなリスクを伴うことがあります。

たとえば、絶滅のリスク。ペットとして販売、飼育されている野生動物の中には、絶滅のおそれがある動物がいますが、野生からたくさん捕まえられることによって、その危機がさらに高まってしまいます。野生のコツメカワウソは、ペット目的の捕獲も影響して、その生息数が過去30年間で30％も減少しました。また、法律や国際条約で守られている動物が、密猟《みつりょう》や密輸《みつゆ》されることもあります。入手が難しい動物は、高値で取引されるため違法行為の犠牲になりやすいのです。密輸される動物はひどい環境で運ばれるため、発覚したときにはその多くが死んでいるというケースも少なくありません。2022年6月に日本の空港で、密輸された小型のサル21頭が発見されましたが、その半数は死んでしまいました。

写真提供：那須どうぶつ王国

さらに、野生動物のペット飼育には、その動物の生態や習性に適した暮らしを実現できない『動物福祉』の問題、もともとの生息地ではない野外に放されて、その地域に生息する動物を食べたり、すみかを奪ったりする『外来種』の問題、ウイルスなどの病原体を人やほかの動物にうつしてしまう『感染症』の問題もあります。

「かわいい」、「かっこいい」、「ふしぎ」。野生動物には、さまざまな魅力があります。その魅力にきづき、関心をもつことは素晴らしいことです。しかし、ペットとして求めることがその動物を苦しめ、ときとして絶滅に追いやってしまうことがあります。野生動物を守るためにできることを、ぜひ考えてみてください。

文…WWFジャパン

写真提供：井の頭自然文化園

動物園は、野生動物を絶滅から守り、その生態や習性を一般市民に伝える役割があります。また、野生動物が本来の行動を発揮し、ストレスなく暮らせるよう、生息地に近い飼育環境を整える努力をしています。多くの野生動物の飼育には、高い専門知識と施設が必要なのです。ペットにしても幸せにできない動物がいることを知ってください。（次ページより解説）

No. 28 コツメカワウソ

カワウソの種類の中では最も小型で、東南アジアや中国南部の河川や湖沼《こしょう》、湿地帯に生息します。体長40～60cm、体重3～6kgで、名前のとおり小さな爪があり家族中心の群れをつくって暮らしています。前肢《ぜんし》は器用で、指先で岩の間や泥の中のエサを探り、両手でつかみ口に運びます。かたいものを噛《か》み砕ける丈夫な歯をもち、魚やカニなどの甲殻類《こうかくるい》、カエルなどの両生類を食べます。泳ぎに適した細長い体で、長い尾はバランスをとったり、水中で舵をとったりする役目があります。

乱獲・密輸の増加や生息地の破壊によって生息数が減少し、IUCNレッドリストでは絶滅危惧種（VU）に指定されています。

文・写真…那須どうぶつ王国

No. 29 スナネコ

アフリカ北部、西・中央アジアの砂漠地帯に広く生息します。野生では最小級のネコの1種で、体重は1.5～3.2kgほどです。金色の体毛は、砂漠に溶け込む保護色になっており、前肢の付け根には、2本の黒い縞模様《しまもよう》があり、繁殖期《はんしょくき》に相手をみつけるための目印になっていると考えられています。砂漠という過酷な環境で獲物を探すために、大きく発達した耳をもち、離れたところにいる小さな獲物のかすかな音も聞き逃しません。足の裏は、長い毛でおおわれて、灼熱《しゃくねつ》の砂漠の大地から肉球を守っています。正確な生息数はわかっていないものの、野生で捕まえられたスナネコの日本向けの輸入が増えており、日本のペット利用が乱獲や密猟の危機を高めてしまうおそれがあります。

文・写真…那須どうぶつ王国

No. 30 フェネック

フェネックは食肉目イヌ科のキツネの仲間で、体長は30～40cm、体重は1～1.7kgほどです。北アフリカやアラビア半島の砂漠に暮らし、暑さに適応した体のつくりや生態をもちます。大きくピンと立った耳は、体内の熱を放散する役割を果たしています。また、夜行性で暑い日中は自ら掘った巣穴で休み、夕方気温が下がると獲物のネズミや昆虫《こんちゅう》などを探して動き回ります。

IUCNレッドリストでは、絶滅のおそれはLC（低懸念）とされていますが、野生の生息数は詳しくわかっていません。また、ワシントン条約で国際的な取引が規制されているものの、ペットとして違法に輸入、販売されるなど、生息数の減少が懸念されています。

文・写真…井の頭自然文化園

WWFジャパン企画より

飼育員さんだけが知ってる コツメカワウソ・スナネコ・フェネックの ウラのカオ

コツメカワウソ

ウラのカオ 1 新鮮な魚や甲殻類を豪快に食す！

魚や甲殻類は冷凍するとビタミンが失われてしまうので、毎日新鮮なものを用意する必要があります。動物園ではニワトリの頭を与え、コツメカワウソがかたい食べものを豪快に噛み砕く力を発揮できるようにしています。キャットフードだけといった間違ったエサで、カワウソが病気になってしまうケースがあります。

コツメカワウソは、エビやカニ、魚、カエルなどたくさんの種類の生きものを食べます。なかでもカニなどを殻ごと食べるのに適した強い歯とアゴをもっています。エネルギーの消費量も多く、1日に食べる量は体重の約20％！ 野生では、1日の半分近くを、獲物を探したり、捕まえたりするのに費やしています。

ウラのカオ 2 水道代が超高額!? 自由に泳ぎ回れる水場が必要！

コツメカワウソがストレスなく泳ぐには、最低でも広さ12㎡の水場が必要です！ もちろん、お風呂やプールではダメ。自然の水辺のような複雑な構造と、広い陸場も欠かせません。また、水場は雑菌の発生を防ぐために、毎日水を入れ替えなければならないので、月の水道代が10万円以上もかかります！

コツメカワウソは水辺で暮らす生きもの。足には水かきがついていて、生後2カ月ぐらいで泳げるようになります。細長い体と筋肉質の尻尾《しっぽ》をつかって、水中を素早く自由に泳ぎ回り、獲物を追いかけます。濁った水の中でも、手を器用につかって、生きものを捕まえることができるのです。毛皮は防水、耳も水中で閉じるようになっています！

ウラのカオ 3 病気になったら一大事！ 診られる獣医師《じゅういし》さんがほとんどみつからない！

不適切なエサや環境で飼育してしまうと、病気になることが多いですが、野生動物は病気で体調が悪くなってもその素振りをなかなかみせません。きづいたときには手遅れになってしまうことも……。

一般家庭やアニマルカフェなどで飼育されるケースでは、腎結石や肺炎などの病気による死亡や、ストレスが原因と思われる脱毛、自傷行為も報告されています。

コツメカワウソは、犬や猫のように、家庭での飼育や病気に関する情報が充実したペットとは異なる、「野生動物」です。コツメカワウソが健康を保てるように、飼育下でも、自然に近い環境を整えることがとても重要なのです。コツメカワウソは本来、家族を中心とした、群れで暮らす生きものです。群れで子育てをしたり、外敵から身を守ったり、一緒に眠ったり……。

果たして、ペットとして飼うことで、コツメカワウソの本能を満たし、心身の健康を維持してあげることができるでしょうか。

写真提供：©John E. Newby/WWF

©A Sliwa - Sand Cat Sahara Team

写真提供：(公財)東京動物園協会

スナネコ

ウラのカオ 1　安易に近づくと危険かも!?　気性が荒い肉食獣

スナネコはなつきません。撫でられて喜ぶこともありません。飛びかかられて、咬みつかれる危険性もあります。また、スナネコは生きた動物を狩って食べる肉食動物。キャットフードだけでは、栄養が偏ってしまうし、スナネコの本能も満たされません。

スナネコは砂漠地帯に生息する唯一のネコ科動物です。基本的に群れをつくらず、単独で行動します。生後6～8カ月ごろには自立し、親やきょうだいとも離れて行動をするようになります。また、ネズミや鳥、トカゲ、ヘビ、ヤモリ、昆虫などさまざまな生きものを捕らえて、食べます。乾燥した地域でも、こうした獲物から必要な水分を摂取することで、長時間水分補給しなくても生きていけます。

ウラのカオ 2　自宅が砂漠とおなじ環境に!?　高い湿度がニガテ

スナネコが快適に過ごすには、温度は25～30度、湿度は50％以下を保たなければなりません。凍えるような冬の寒い日や、梅雨の湿気が多い日も、24時間365日、この環境を維持しなければなりません。スナネコのために高い光熱費を払えますか？

スナネコの生息地である砂漠地帯は、夏は日陰でも50度を超え、夜間はマイナス0.5度まで下がることもあります。年間平均降水量は20～300mm。これは日本の降水量の約5％と、とても乾燥しています。日中は、巣穴で過ごし、夜に狩りをします。大きな耳は、太い毛が生えていて、砂が耳に入るのを防ぎ、遠くの獲物の小さな音も聞き取れるようになっています。

ウラのカオ 3　発情期は眠れない!?　騒々しいうなり声で鳴く

夜になるとうなるような鳴き声を上げながら、活発に活動します。イエネコのような「ニャーニャー」というかわいらしい鳴き声とは全く異なる、低くて太い鳴き声です。とくに繁殖期は、一晩中鳴きつづけるので、ペットで飼ったら、不眠症になってしまうかも。

夜行性のスナネコは、夜になると獲物を求めて、一晩で5kmぐらい移動します。スナネコの行動圏は広く、その広さが50㎢に及ぶ個体もいます。また、鳴き声をつかって、繁殖のためのパートナーを探します。特徴的な鳴き声のおかげで、音が吸収されやすい砂漠地帯でも、遠く離れたパートナーをみつけることができるのです。声だけでなく、おしっこもつかって、自分の存在やなわばりを示します。

フェネック

ウラのカオ 1　夕方以降にスイッチオン!?　人間が眠る時間にも動き回る

日中は寝ていますが、夕方になると活動をはじめます。穴を掘る習性があるため、部屋でこれを行った場合、鋭い爪で床がボロボロになってしまうかもしれません。また、フェネックの爪が傷ついてしまうこともあります。さらに、こうした行為は夜になるとますます活発に。鳴き声を上げながらあちこち動き回るので、騒がしくて、眠れなくなってしまいます。

フェネックは砂漠地帯に暮らすキツネの仲間。夜行性で、暑い日中は巣穴で過ごし、涼しい夜間に活動します。砂を掘るのは、子育てや日差しを避けるための巣穴を作ったり、地中の獲物を捕まえたりするため。巣穴には、いくつもトンネルがあり、その長さは10mに達することも。また、家族を中心とした群れで暮らし、さまざまな鳴き声で仲間とコミュニケーションをとります。

ウラのカオ 2　温度と湿度、24時間管理できますか？　環境の変化は大のニガテ

真夏の暑い日も、冬の極寒の日も、温度は常に25度前後に保たなければいけません。ジメジメした湿気もフェネックの大敵！　とくに、湿度が高い梅雨の時期や夏は、皮膚《ひふ》病などの病気になるリスクも高まります。ほぼ1年中、エアコンはフル稼働！　高額な電気代を負担できますか？

フェネックの特徴でもある大きな耳は体の熱を外に逃してくれます。また、足裏は毛でおおわれているので、高温の砂の上も歩くことができるのです。さらに、砂の色とよく似た毛皮は、敵から身を守るための保護色となるだけでなく、夜間の寒さから身を守る役目も果たしています。そして、フェネックは乾燥にも強く、必要な水分は植物や昆虫などの生きものから摂取し、長時間水を飲まなくても生きていけます。

ウラのカオ 3　ちょっとした落とし物が一大事!?　いろいろ口に入れてしまう！

フェネックは好奇心旺盛《こうきしんおうせい》な性格。ビニール袋やプラスチックなどを誤食してしまうことがありますが、フェネックを診ることのできる獣医師さんは限られています。そのため、誤食してしまったときに、すぐに治療を受けられず、命の危機にかかわるかも。誤食をしないよう、常に部屋は整理整頓！　気が抜けません。

フェネックは昆虫、ネズミやトカゲ、鳥、植物の根や果実まで食べる雑食性です。小さな生きものの骨まで噛み砕く歯をもっています。生きものが少ない砂漠で獲物をみつけるのは一苦労。さまざまな生きものの動きや物音を察知し、捕まえます。

野生動物であるフェネックは、しつけることが難しく、それによって誤飲・誤食を防止することはできません。

WWFジャパン

WWFは100カ国以上で活動している環境保全団体で、1961年に設立されました。人と自然が調和して生きられる未来を目指して、失われつつある生物多様性の豊かさの回復や、地球温暖化防止などの活動を行っています。

企画協力（50音順）
井の頭自然文化園、上野動物園、京都市動物園、那須どうぶつ王国

第4章

アジアにすむなかま

No.
31
アジアにすむなかま
▼
アジアゾウ

地上にすむ動物としては、アフリカゾウに次ぎ最大級の大きさ

アジアゾウ（*Elephas maximus*）は、哺乳綱長鼻目ゾウ科アジアゾウ属に分類されています。

アジアゾウは、インド、インドネシア（スマトラ島、ボルネオ島）、カンボジア、スリランカ（セイロン島）、タイ、中国、ネパール、バングラデシュ、マレーシア、ミャンマーの森林に生息しています。すむ地域によっておもにインドゾウ、スマトラゾウ、セイロンゾウの亜種に分けられます。生息環境の破壊によりアジアで5万頭ほどしかおらず、IUCNのレッドリストではENにランクしている、絶滅危惧種です。

鼻の長さはおよそ1.5～2mで、その鼻もふくめた体長は5.5～6.5m、体高2.2～3.2m、体重2～5トンです。牙《きば》は上アゴの門歯《もんし》が発達したもので、オスだけに目立ち、メスでは口の外にあまり出ません。ゾウの牙は常生歯《じょうせいし》といって、生涯のびつ

円山動物園の方が教えてくれた マニアックなお話

日本の動物園からゾウが消える!?

長い鼻をもち圧倒的な大きさのゾウは、動物園の顔ともいえます。そんなゾウですが、最近は輸入条件が厳しくなり、日本の動物園で見られなくなるかもしれないという危機感をもたれています。高齢化や単独飼育・メスだけの飼育などにより、飼育頭数は減りつづけているのです。もともと、飼育下での自然繁殖《はんしょく》は容易ではありません。1年間に4回ほどしか妊娠のチャンスがありませんが、飼育下のゾウではストレスによる不妊症《ふにんしょう》も知られています。さらに人工授精《じんこうじゅせい》も、世界でもまだ成功例は多くありません。

このような状況を打破しようと、円山動物園（以下、当園）では2012年よりアジアゾウ導入に向けたプロジェクトを進め、2018年11月にミャンマーよりアジアゾウ4頭を受け入れました。

ミャンマーから到着したゾウたち。左はメス３頭、右はオス。牙の見え方にも注目。

もっとディープに!

ゾウ科にはアジアゾウ属のほかにアフリカゾウ属があり、アフリカゾウとマルミミゾウが分類されています。アフリカゾウはアフリカにすみ、アジアゾウよりさらに大きく、陸上で世界最大の現生動物です。

サイズ以外にもちがいがあり、アジアゾウの頭はこぶが２つ並ぶように盛り上がっているのに対し、アフリカゾウは平坦で、耳が横に大きく開きます。体全体のフォルムも、アジアゾウは背中が凸型でお尻の方は丸く落ちていくのに対し、アフリカゾウは背中が凹み、お尻の方が高く上がっています。鼻先も、アジアゾウは突起が１つですがアフリカゾウは２つあり、オスの牙もアフリカゾウの方が大きく立派など、いくつかちがいがあるのです。

づけます。鼻は嗅覚《きゅうかく》が発達し、食べものを探したり、鼻先でつまんだり、巻き付けて拾い上げたり、水を吸ってまき散らすなど、さまざまな役割を果たします。食事は植物食で、草、木の枝、葉、樹皮、根、種子、果実などを食べます。

野生下ではメスと幼いゾウから構成される群れで生活し、オスは成長すると群れから出て1頭で過ごします。

メスの性成熟は約15歳で、飼育下のゾウの血中ホルモンを調べた結果、13～18週ごとに排卵していることがわかっています。5～8年ごとに妊娠《にんしん》し、1回に1頭を産みます。妊娠期間は哺乳類《ほにゅうるい》で最長の約22カ月です。寿命は60～70年です。

市民の期待からの一大プロジェクト ゾウ舎の完成と4頭の導入

当園では2007年に『花子』が約60歳で死亡して以降、市民からの期待の声もあり、2012年に行った市民アンケートも参考にゾウの導入計画を進めてきました。本来ゾウのメスは群れで生活します。敷地が限られる日本では群れで飼育するのは容易ではないですが、本来の環境に近づけなければストレスから繁殖もうまくいきません。繁殖が可能となる最低限のメス３頭、オス１頭という組み合わせで導入することになりましたが、それには大きなゾウ舎が必要となりました。また、従来の飼育法はゾウとおなじエリアに飼育員が入り掃除やエサを与える『直接飼育法』が主流で、気性が荒い個体では全く接触しない『間接飼育法』で飼育していました。しかし現在の世界基準は、飼育員の安全とゾウの健康管理を両立できる、特別な柵《さく》越しに世話をする『準間接飼育法』です。当園ではこれを採用するべく、ゾウ飼育の専門家アラン・ルークロフト氏に学び、北欧の動物園の飼育法も参考にしました。2018年９月にこれらを実現できるゾウ舎が完成し、同年11月に４頭のゾウを迎え入れ、ようやくこの一大プロジェクトが完遂しました。

2018年完成のゾウ舎。

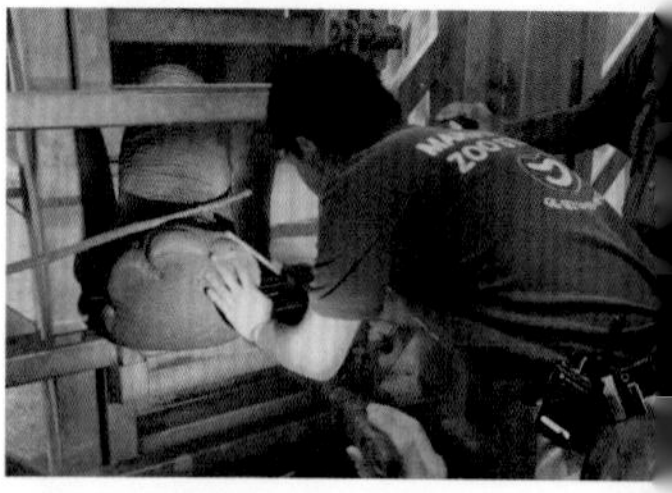

柵越しに飼育員がゾウの足をチェックする様子。トレーニングにより採血や超音波検査などの健康管理も可能に。

寒冷地にある園なので冬の水場確保のため、屋内プールを設置。

ゾウは砂浴びを好むことから、屋内外の放飼場《ほうしじょう》の床材には砂を採用しています。

ゾウ本来の生活環境に近づけ、繁殖を目指す

2021年3月から、メス3頭の中の『パール』をオスの『シーシュ』と同居させることになりました。すぐに交尾が見られ、2022年春ごろより定期的に行われた血液検査で黄体ホルモンの上昇がみられたこと、乳房が張っているようにみえたことから妊娠の可能性を疑い、その後も検査を継続し、同年10月に超音波検査（エコー検査）で胎仔が確認され妊娠が確定しました。もし出産すれば、道内初となります。今回の妊娠は、ゾウたちの関係性や相性を考え、オスにメスに対する振る舞いを学んでもらう時間を設けるなど、時間をかけてゾウがゾウらしく暮らせる環境づくりをしたことが、よい結果につながったと考えています。当園ではほかのメスの繁殖も計画しており、仔ゾウの安全に配慮しての施設の改修など、今後を見据えたプランを進めています。

円山動物園

〒064-0959
北海道札幌市中央区
宮ヶ丘3-1
TEL：011-621-1426
文・取材：緑書房編集部
回答：坪松耕太、小林真也
写真：円山動物園

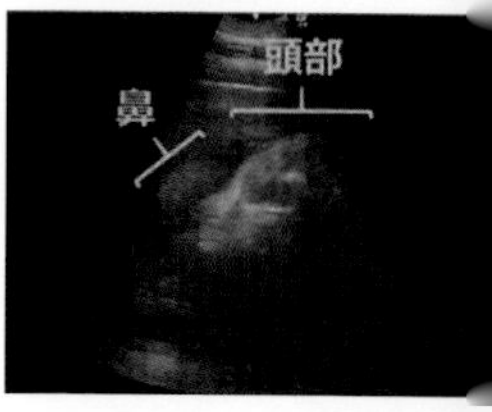

超音波検査でみえた胎仔。

No.
32

アジアにすむなかま ▼

ニホンヤマネ

木登り上手で冬眠を行う ふさふさの尻尾《しっぽ》をもつ動物

ニホンヤマネ（*Glirulus japonicus*）は、哺乳綱げっ歯目の中でもヤマネ科に分類され、実は、分子系統学上ではネズミ（ネズミ科）よりもリス（リス科）に近い仲間です。

ヤマネの起源はヨーロッパにあり、現在世界に28種いるヤマネの多くはヨーロッパにいます。現在、日本でニホンヤマネ（以下、ヤマネ）の生息が確認されているところは、本州、四国、九州、そして島根県隠岐《おき》にある島後《どうご》という島です。ドイツでは約5千万年前の最古のヤマネといわれる化石が発掘されており、日本には少なくとも約510（420〜620）万年前には生息していたと考えられています。一属一種であり、日本の固有種で、1975年に国の天然記念物に指定されました。

　体長は約8㎝で、活動期の体重は約18ｇです。見た目は、尻尾にふさふさとした毛があり、背中に黒い線が1本あるのが特徴です。冬眠し、その時期には約30ｇまで

ヤマネ・いきもの研究所の方が教えてくれた マニアックなお話

定住をするのか、しないのか

ヤマネは基本的に決まった巣をもたず、昼間眠る場所はどんどん変わり、巣材もあまり使いません。調査をしているとちょっとだけ巣材を敷《し》いて樹上で休んでいるヤマネが発見されることもあります。

生まれたばかりのヤマネ。

　ただし繁殖《はんしょく》する場合には、母親のヤマネが木の皮やコケを巣材にしてきちんと編み込んだ巣を作り、約1カ月子育てをするので、複数の巣をもちながらも場所はあまり変わりません。また、冬にはヤマネが冬眠するためほぼその居場所が変わることはありませんし、巣材も使ったり使わなかったりします。ただ、冬眠では環境温度の変化が少ない場所で眠ります。

繁殖用の巣。

生きるための工夫　尻尾

ヤマネの尻尾はバランスをとるために役立っていると考えられますが、もう1つ、身を守るための役割があり、天敵に襲われて尻尾をつかまれると、骨だけを残してすぽっと抜けます。トカゲは尻尾が抜けてもまた生えてきますが、ヤマネはやがて骨もなくなり、二度と生えてくることはないため、その技を繰り出した後は一生尻尾が短いまま過ごすことになります。抜けた直後のヤマネは少しバランスをとりづらそうですが、食べられてしまうよりはいいのかもしれません。

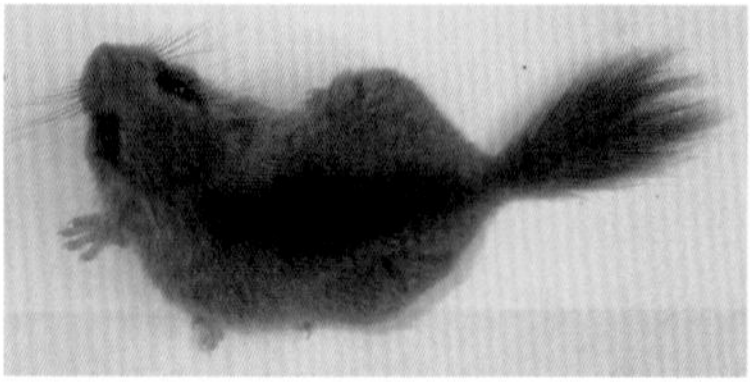

尻尾の短いヤマネ。一度尻尾が抜けると、二度と生えてくることはありません。

体重を増やします。夜行性で、活動期には夜の森の中で枝に逆さまにぶら下がりながら移動し、昼間は樹洞《じゅどう》や朽ちた木のすき間などで休みます。

　森の木の上で生活する動物で、体が木登りに有利な構造になっています。たとえば、手足が真横から出て木にしがみつきやすく、発達した肉球と長い足の指をもち、四肢《しし》の指先には鉤爪《かぎづめ》があり、枝に引っかかりやすくなっています。そんな特徴をもつため、ヤマネは指1本で木の枝にぶら下がることができます。

　食性は、季節によって食べものが変化します。春には花の蜜や花粉を、秋にはアケビやノイチゴなどのやわらかく甘い果実を食べます。また、ガやトンボ、アブラムシなどの昆虫《こんちゅう》類も食べます。ただしクルミなどのあまりにかたい食

なぜ冬眠するの？

ヤマネは体重を増やして冬眠します。それは、寒い冬にはエサが少なくなるからだと考えられています。寒い冬にエサを探しに出歩くのではなく、脂肪としてエネルギーを貯め、それを少しずつつかいながら眠って過ごします。この期間、体温を0度近くまで下げたり、心拍数を約600回/分（活動期）から約60回/分（冬眠期）に下げたりしています。そのような工夫をしながら、寒い地域では約半年、土中や朽ちた木の中で次の春が来るまで眠ります。

冬眠しているところ。

ヤマネを守るために

私たちヤマネ・いきもの研究所では、ヤマネのことを知るために調査・研究を行っていますが、それを活かしてヤマネを守るための活動も行っています。

その１つが『アニマルパスウェイ』をつくったり、推進したりする活動です。これは木の上に暮らす動物のヤマネ、リス、ヒメネズミなどを守るための保全策で、私たちが利用し森を分断している道路の上へ、森と森をつなぐ歩道橋のような役割を果たす『アニマルパスウェイ』を設置するものです。それにより動物たちの行動範囲が広がり、エサをとりに行くことができたり、オスとメスが出会うことで繁殖がしやすくなったりし、遺伝子多様性の維持を促すことができます。

また、みなさんにヤマネのことを伝え、ヤマネやヤマネが抱える問題について考える機会をもっていただく教育活動も行っています。

アニマルパスウェイ。
森と森をつなぐ歩道橋のような役割をもちます。

べものは苦手で、盲腸もないため繊維質を食べるのもあまり得意ではありません。

ヤマネの母親は3～4頭の赤ちゃんを産み、巣の中で育てます。生まれたばかりの赤ちゃんは体重約2gで、毛があまりありません。赤ちゃんのお腹は飲んだミルクが透けて見えるので、母親からミルクを順調に貰えているかがわかります。ちなみに、オスのヤマネは子育てには参加しないため、巣作り・子育てはすべてメスが行います。

ヤマネ・いきもの研究所

〒408-0015
山梨県北杜市高根町
下黒澤2014-1
TEL：080-2959-5712

文：饗場葉留果
写真：饗場葉留果、湊秋作

ムササビ

座布団《ざぶとん》のような姿で飛ぶ 日本固有のリスの仲間

ムササビ（*Petaurista leucogenys*）は、哺乳綱げっ歯目リス科ムササビ属に分類されます。国内にすむリスの仲間では最も大型です。

ムササビは日本の固有種で、本州、四国、九州に生息している夜行性の動物です。おもに大木の生えた山林に生息していますが、神社や寺の社寺林など、人の生活圏に近い環境でも暮らしています。生息地によってニッコウムササビ、ワカヤマムササビ、キュウシュウムササビの3亜種に分けられています。

ムササビは樹上性の（ほとんどを木の上で生活している）動物なので、植物食で、おもに木の葉、芽、花、つぼみ、クヌギなどの堅果《けんか》類、サクランボなどの果実を食べます。毛の色は一般的に黒っぽい茶色をしていますが、少し明るい茶色の個体もいます。また、顔の白いラインが特徴です。

ムササビには前肢《ぜんし》と後肢《こうし》の間と、

小諸市動物園の方が教えてくれた マニアックなお話

交尾できるのはたった1日

ムササビの繁殖《はんしょく》期は年に2回あります。1回目が11月中旬～1月中旬、2回目が5月中旬～6月中旬ですが、地域によって異なる場合もあります。この時期になると、オスはだんだんメスの巣のまわりに集まってきます。メスが交尾できるのは繁殖期の中でもたった1日だけなので、オスはその日まで、メスの巣のまわりにマーキングをしてアピールしたり、オスどうしでケンカしてメスに近づく順番を決めたりします。そしてオスはメスが巣から出てくる前から『出待ち』をして、出てきたところでアタックします。

ムササビは基本的にメスだけで子育てをします。授乳期の赤ちゃんがいても、母親は巣を出て、毎晩自分のエサを探しに行きます。ただし、赤ちゃんに母乳をあげたり温めたりするために、早く巣に戻ってくる傾向にあるそうです。

ムササビの食痕《しょくこん》

食痕とは、ムササビが食べ終わったときに出る食べ残しです。ムササビは木の葉を食べるときに、2つに折って真ん中や上の部分を食べるので、残りは虫食いのような形になります。また、松ぼっくりを食べるときも真ん中の芯の部分を残すので、エビフライのような形になります。これはほかのリス類もおなじように食べるといわれています。ほかにもムササビは樹皮も食べますが、きれいに皮の部分だけをかじります。

観察を行う際、野生のムササビをみつけるときに役に立つ食痕ですが、飼育下であってもおなじような食べ方をします。

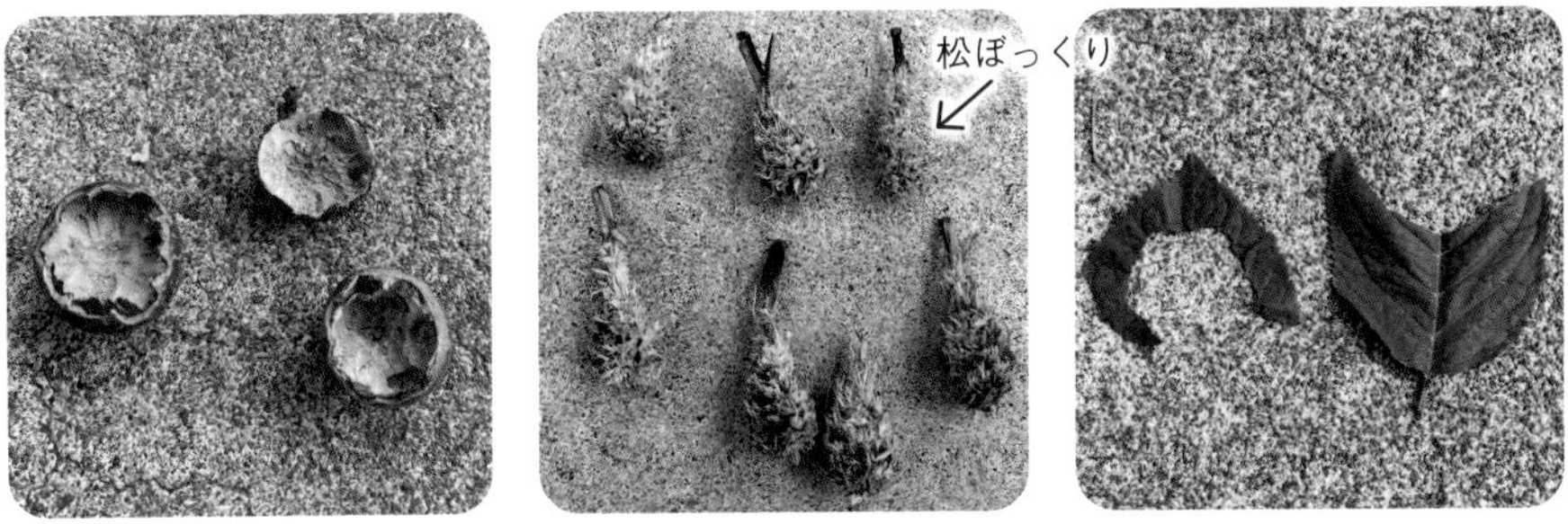

さまざまな食痕。
とてもユニークな形をしています。

後肢と尾の間に『皮膜《ひまく》』と呼ばれる膜があり、これを広げてグライダーのように滑空《かっくう》して飛行することができます。滑空距離は普段は数十m程度ですが、最大で120mほど飛べるそうです。

妊娠《にんしん》期間は約74日で、1～2頭の子どもを産みます。授乳期間は約91日で、子どもが巣から出て活動しはじめるのは生後約58日くらいです。平均寿命は野生では約6～10年、飼育下では約15年といわれています。

ミルクをあげているところ。

ムササビの巣作り

小諸市動物園（以下、当園）では、なるべくムササビが食べるものは野生の個体とおなじものや季節のもの（野菜など）を与えるようにしています。

ムササビは大木の洞《はら》や野鳥の巣箱、屋根裏などに巣を作ります。巣材はおもに杉の皮を細かく裂いて、巣の中に敷《し》いています。個体によっては木の葉を好むムササビもいます。当園のムササビたちはメスが杉の皮、オスが木の葉を巣材にすることが多いです。当園では、巣材は杉の皮を取ってきて、ムササビが自分で裂いて巣を作れるようにし、限られた空間でもストレスなく生活できるように工夫をしています。

個体によって好む巣材がちがいます。上が杉の皮、下がモミジやコナラなどの木の葉を使っています。

知っておきたい

ムササビの保護

ムササビはすみかとなる林や社寺林の減少などで数が減っており、自治体によっては絶滅危惧種に指定されています。

当園では、2008年にはじめてムササビを保護し、飼育をはじめました。現在当園で飼育しているムササビも、木の伐採作業中に巣穴から出てきたところを保護されてやってきた個体です。まだ目も開いていない状態だったので、飼育員が親に代わって3時間おきにミルクや排泄《はいせつ》を手伝い、夜間は飼育員が自宅に連れて帰って世話をしてきました。人工哺育で育てると野生に帰すことは難しく、そのまま飼育を続けています。

もっとディープに！

ムササビとモモンガのちがい

来園者の方によくモモンガと間違われるムササビですが、ちがいがたくさんあります。

ちがいその①：大きさ

ムササビは体長27～40cm、尾長28～41cm、体重700～1,500g、モモンガは体長14～20cm、尾長10～14cm、体重150～220gと大きさに差があります。よく、ムササビは座布団、モモンガはハンカチとたとえられています。

ちがいその②：尻尾《しっぽ》の形

ムササビの尻尾は太く丸い形でモモンガは平たい形をしています。尻尾は滑空飛行の際に、舵取りをする役目があります。

ちがいその③：皮膜

ムササビは後肢と尾の間にも皮膜がありますが、モモンガにはありません。

ちがいその④：白い模様《もよう》

ムササビの頬《ほほ》には白い模様があり、これは『白《はく》門《もん》』と呼ばれます。

ちがいその⑤：行動

ムササビは単独で行動し、モモンガは平均5頭ほどで集団行動をします。

小諸市動物園

〒384-0804
長野県小諸市丁311
TEL：0267-22-0296

文・写真：廣田香菜

No.
34

アジアにすむなかま ▼

オランウータン

われわれとおなじヒト科
樹上で生活する
大きな霊長類《れいちょうるい》

オランウータンは、哺乳綱霊長目ヒト科オランウータン属（*Pongo*）の総称です。ヒトやチンパンジーやゴリラが属する系統とは、約1400万年前に分かれたといわれています。

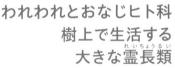

オランウータンは、マレー語の『森の人』が語源です。以前はオランウータン1種だけでしたが、その後ボルネオオランウータンとスマトラオランウータンの2亜種に分かれ、その後別種（*Pongo pygmaeus*、*P. abelii*）となり、2017年にスマトラ島トバ湖以南でタパヌリオランウータン（*P. tapanuliensis*）が発見されて現在は3種となりました。3種とも絶滅危惧種（IUCNレッドリストではCR）に指定され、過去100年間におよそ80%が減少したとされます。とくにタパヌリオランウータンは、発見時すでに800頭ほどだとされています。

　ゴリラに次ぐ大きな霊長類で、オスは完全樹上生活の哺乳類《ほにゅうるい》で最も大きいといわれます。体重は、メスは

おらけんの方が教えてくれた　マニアックなお話

地位で変化するオスのフランジ

オスのフランジ。

オランウータンの行動圏はメスよりオスの方が広く、オスは大きな喉袋《のどぶくろ》をもち、『ロングコール』と呼ばれる大きな叫び声でなわばりを示したり、求愛を表したりします。オスでは行動圏が重なることによるケンカなどで優劣が決まり、優位なオスは顔の両側に『フランジ』という大きな頬《ほほ》のひだが出てきます。動物園などで複数のオスを飼育していると、いちばん優位なオスだけにフランジが出ます。しかし、フランジをもったオスがいなくなったり、ほかのオスが優位になったりすると、フランジがなかったオスもフランジを発達させることがあります。しかし、フランジをもたない劣勢のオスは、一生そのままでいることもあります。

以前、多摩動物公園の2頭のオスの間で、フランジをもたなかった若いオスがメスを獲得でき、力でも優位になったことで、急にフランジを発達させたことがあります。そのとき、いままでフランジをもっていたオスのフランジは縮まらず、そのままの状態を維持しました。

樹上生活に適した体つきです。

日本のオランウータン

日本には1792年と1800年、長崎でオランウータンの記録があります。1898年には上野動物園ではじめて飼育されましたが、短命で、その後飼育された個体も短命でした。戦後、上野動物園にメスの『モリー』が来たのを皮切りに飼育頭数が増え、1970年末には51個体のオランウータンが21の動物園で飼育されました。しかし1990年をピークに減少し、2023年5月末では40個体までになりました。

以前は、飼育技術の未確立や人工哺育個体の死亡率の高さから動物園では短命だったオランウータンも、いまでは飼育技術の向上により平均寿命も上がり、60歳を超える個体も出てきています。

40kg前後ですが、オスは80kg前後と倍ほどになります。枝を移動するため、腕（前腕骨《ぜんわんこつ》の橈骨《とうこつ》と尺骨《しゃっこつ》）は脚の1.5倍ほど長く、骨は湾曲し、人よりよく曲がり回転します。手は縦に長く枝を握りやすく、足も親指が離れて手のような形です。

イチジク類やドリアンなどの果実・葉・樹皮・花、着生植物、ショウガ、キノコ、昆虫《こんちゅう》、鳥類の卵、小型哺乳類など、いろいろなものを食べます。ほとんどが植物で、ボルネオ・サバ州の報告では約60%は果実を食べています。

母親と赤ちゃんは2頭で生活しますが、ほかの大型類人猿《るいじんえん》とはちがい、成長後は基本1頭で生活します。その理由は、季節によっては少ない生息地の果実をみんなで食べるとすぐに食べつくすからだといわれます。しかし、お互いに

知っておきたい

ポテトチップスとオランウータンの関係

開発や森林火災による生息地の破壊などにより、オランウータンの生息数はどんどん減少しています。なかでも、パーム油の原料となるアブラヤシのプランテーションのために、オランウータンたちが太古から生活していた広大な森が開発されました。このパーム油は、ポテトチップス、インスタントラーメンから化粧品、ゴム、工業製品におよぶまで幅広く使われ、私たちにもなくてはならないものとなってしまいました。その結果、オランウータンやゾウなど多くの野生動物が分断され、行き場がない状態で暮らしています。貴重な野生動物の将来を守るため、そして人と共存するため、多くの援助が求められています。

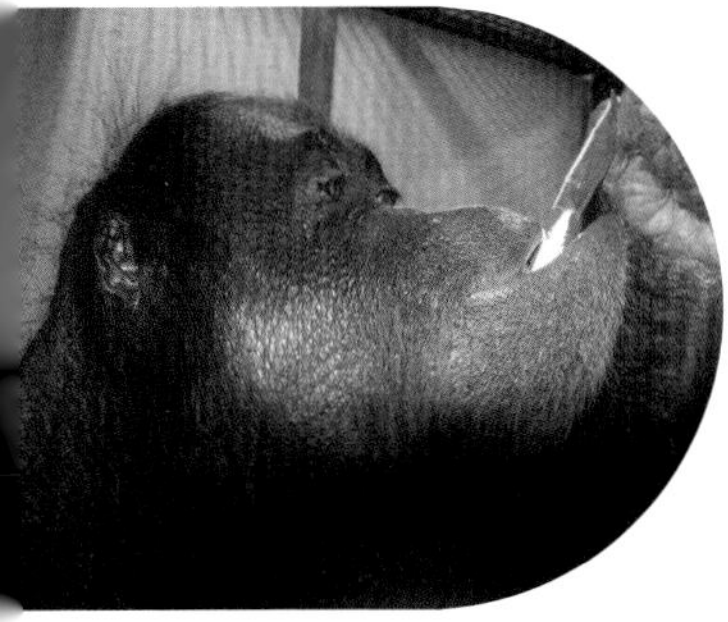

自分で粉薬をのんでいるところ。

オランウータンは知能犯

以前、ある動物園で四角い麻袋の角を結んでハンモックにしたオランウータンが話題となりました。筆者の私もオランウータンが麻袋を天井に結び、ハンモックやロープ代わりにするのを見たことがあります。オランウータンは頭がよく手先が器用で、飼育員はいつも注意しなくてはなりません。外の放飼場《ほうしじょう》でも室内でも、どこからみつけたのか、クギ、ナット、針金、コード、石ころ、小枝などを使った行動が次から次へとエスカレートしていきます。私たちにみつからないように物を隠すこともあります。私も気がつくと蛍光灯を壊されたり、ホースを取られたりと、ずいぶん苦い思いをしたことがあります。

子どもは7歳くらいまで
母親と一緒に暮らします。

どこに誰がいるのか把握しているようです。

妊娠《にんしん》期間は平均270日といわれます。授乳後も子どもは7年ほど母親と生活し、果実のなる場所や時期、巣作りなど多くを学びます。メスは11～15歳で性成熟し、15～18歳ほどで最初の子を、生涯で4～6頭くらいを出産します。1回に1頭を産み、まれに双子の報告があります。オスは約7～12歳で性成熟しますが、個体差があります。寿命は野生で50～60歳くらいといわれますが、よくわかっていません。

日本オランウータンリサーチセンター
(通称:おらけん)

〒168-0064
東京都杉並区永福4-5-1

文・写真:黒鳥英俊

No. 35

アジアにすむなかま ▼

スローロリス

手足で木々をつかんで移動
大きな目をもつ夜行性のサル

レッサースローロリス（*Nycticebus pygmaeus*）は、哺乳綱霊長目ロリス科スローロリス属に分類される動物です。

スローロリスのなかま（スローロリス属）は、中国南部〜東南アジアに生息する小型の霊長類《れいちょうるい》、すなわちサルのなかまです。夜行性で、大きな目をもっています。『ロリス』というのはオランダ語の『道化師（ピエロ）』という言葉が語源であるといわれています。目のまわりの模様《もよう》や、ゆっくり動く様子がピエロに似ているようです。スローロリスは5〜8種ほどに分類されていて、最大のベンガルスローロリスは体重が1.5kgほど（子犬くらいの大きさ）になるのに対し、レッサースローロリスは最も小さく、400gほどしかありません。夜行性のため、昼間は寝ていてほとんど動かないので、多くの動物園では昼夜逆転をして飼育しています。飼育室では夜行性の動物が感じにくい赤い光を、

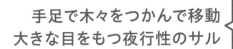

日本モンキーセンターの方が教えてくれた　マニアックなお話

エサと病気

スローロリスは、樹木の傷跡などからにじみ出てくる樹液のような物質（ガム）を主食としています。筆者の私もインドネシアのジャワ島で、野生のジャワスローロリスを観察したことがありますが、夜中に樹木をかじってガムを食べていました。なわばりの中には、樹木にかじり跡をつけたガムのポイントがいくつかあり、スローロリスは毎晩それらを巡回して食べているそうです。

スローロリスの主食がガムだということがわかったのは比較的最近です。現在は動物園でも、スローロリスにはガムを与えるようになりました。日本モンキーセンター（以下、当センター）では、増粘剤や乳化剤などとして用いられるアラビアガムの結晶を水に溶かして与えています。人が食べてもほとんど味を感じませんが、スローロリスにとっては大好物のようです。

ガムを与えるようになる前は、ほかのサルとおなじように果物が中心のエサを与えていました。バナナや蒸しイモなどもスローロリスの好物ですが、口の中に残って、虫歯や歯周病の原因になることが知られています。エサをガムに変えてからは病気もだいぶ減ったように感じますが、長生きの個体では口の中の病気が慢性化していて、定期的な歯科検診や治療が欠かせません。

樹木をかじってガムを食べる、野生のジャワスローロリス。

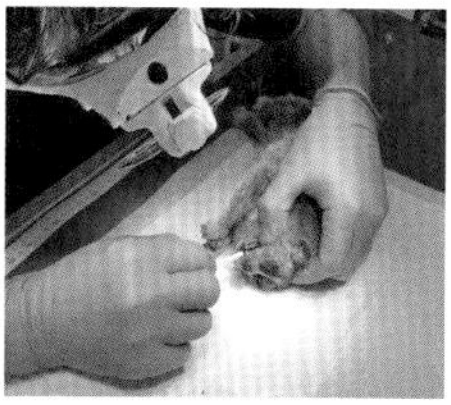

レッサースローロリスに麻酔をかけて、獣医《じゅうい》師《し》が歯科治療をしている様子。

フィーダー（給餌《きゅうじ》装置）からアラビアガムを食べています（レッサースローロリス）。

当センターで与えている、アラビアガムの結晶。水に溶かすとどろどろの液体になります。

月明かり程度の強さであてて観察するのが一般的です。

スローロリスは食べものもちょっと特殊です。スローロリスは『ガム食動物』といわれていて、樹木の傷跡などからにじみ出てくる樹液のような物質（ガム）を主食としています。普通、哺乳動物《ほにゅうどうぶつ》はこのガムを食べても消化して栄養にすることはできませんが、スローロリスはお腹の中に特殊な腸内細菌をもっており、ガムを細菌のエサにして、細菌から栄養を貰うことができるのです。ガム以外にも、果実や昆虫《こんちゅう》なども好物です。とくに昆虫をみつけたときなどは、『スロー』の名前に反して、すばやい動きで獲物を捕らえます。

周年繁殖動物《しゅうねんはんしょくどうぶつ》で、妊娠《にんしん》期間は約6カ月で、約2年おきに1～2頭の子を出産します。

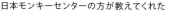

ジャンプできないスローロリス

ガラスのない飼育部屋の中の、のび出た枝の上にいるレッサースローロリス。

スローロリスは手足の握力が強く、木の枝などをしっかりつかんで移動します。体を長くのばして手の届いたところに移っていきますが、ジャンプすることはできません。この特徴を活かして、当センターでは、前面に50cmほどの高さの段があるだけで金網もガラスも張っていない部屋でレッサースローロリスを飼育しています。この段をレッサースローロリスは越えることができず、管理通路の方にのび出ている枝からも跳び降りられないので、一度も逃げたことはありません。この飼育室は普段は非公開のエリアですが、特別な見学ツアーの際にはそこでレッサースローロリスをさえぎるものなく間近に観察できます。

ペットには向きません

おなじ巣箱で休んでいる２頭（レッサースローロリス）。

かわいらしい見た目から、スローロリスをペットとして家で飼いたいと思う人がいるようです。過去には芸能人が飼っている様子がテレビで紹介されるなどして、人気になった時期もあります。現在はスローロリスを捕まえたり、日本に連れてきたり、許可なく販売したりすることは犯罪ですが、欲しいと思う人がいることで野生からの密猟《みつりょう》・密輸《みつゆ》が絶えません。このような需要によって、スローロリスのなかまはいずれも絶滅のおそれがあります。

これまで紹介したように、スローロリスは夜行性で、体のわりに広めの生活空間が必要で、食べものも特殊で、全くペットには向きません。さらに、サルのなかまで唯一口の中に毒をもっていて、咬まれると最悪の場合は死に至ることもあります。スローロリスは個人がペットとして飼うにはハードルが高い動物ですから、ぜひ動物園に会いに来てください。

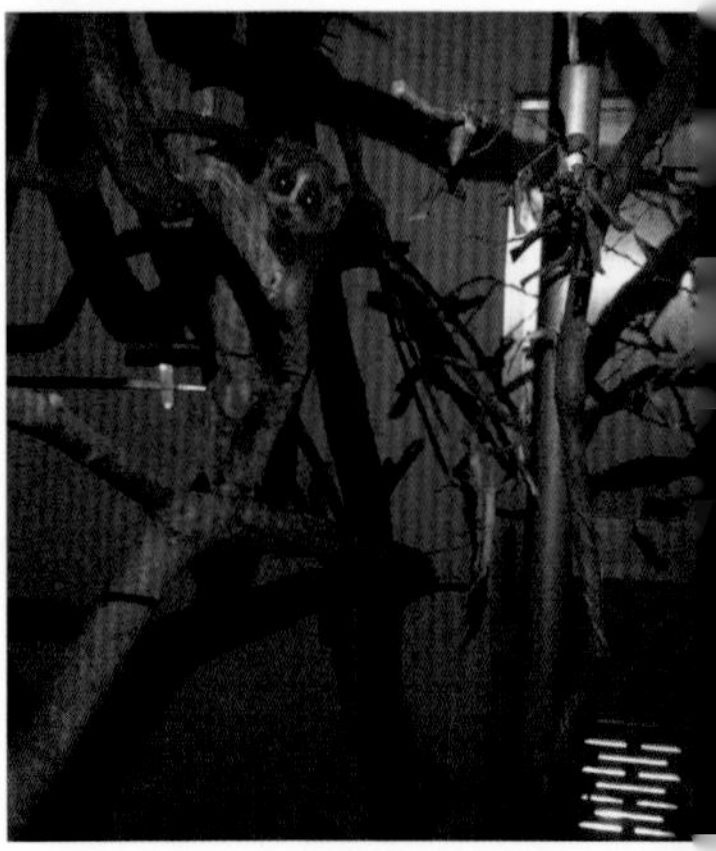

飼育室では昼夜逆転を行い、赤い光の下で飼育します（レッサースローロリス）。

日本モンキーセンター

〒484-0081
愛知県犬山市犬山官林26
TEL：0568-61-2327

文・写真：綿貫宏史朗

No. 36

アジアにすむなかま ▼

クビワオオコウモリ

翼《つばさ》を広げると1m
沖縄にすむ
飛べる哺乳類《ほにゅうるい》

クビワオオコウモリ（*Pteropus dasymallus*）は、哺乳綱翼手目オオコウモリ科オオコウモリ属の仲間です。

コウモリの仲間（翼手目《よくしゅもく》）は現在約1400種いるといわれ、哺乳類の中ではネズミの仲間（げっ歯目）に次いで種数が多い動物です。また、哺乳類で唯一飛翔《ひしょう》できる動物で、『翼手』目という名前のとおり、翼が手になっています。モモンガやムササビは木から木へ飛び移る『滑空《かっくう》』を行いますが、完全に飛翔できる哺乳類はコウモリだけ。長くのびた指を柔軟に動かし、とても器用に飛び回ります。

クビワオオコウモリは体重が450～550gほどで、オオコウモリの仲間では中くらいの大きさです。生息地は鹿児島県の口永良部島《くちのえらぶじま》～台湾にかけて、そして詳細はまだ不明ですが、フィリピン北部の小島《しょうとう》嶼《しょ》にもクビワオオコウモリが生息しているといわれています。生息地と姿・形の少しのちがいにより、5つの亜種（エラブオオコウモリ・オリイオオコウモリ・ヤエヤマオオコウモリ・ダイトウオオコウモリ・タイワンオオコウモリ）に分かれ、沖縄こどもの国（以下、当園）ではその中のオリイオオコウモリとダイトウオオコウモリを飼育しています。

食性は草食性で、動物園で与えているエサはおもに果物や野菜です。オリイオオコウモリは春～初夏にかけて出産し、交尾はその前年の秋ごろとなります。観察できた数は少ないですが、妊娠《にんしん》期間は約7カ月でした。

沖縄こどもの国の方が教えてくれた　マニアックなお話

好き嫌いははっきりしています

クビワオオコウモリ（以下、オオコウモリ）は沖縄ではとても身近で、見たことがない人はほとんどいないくらいです。しかし、どんな風に暮らしているかはあまり知られていないため、よく「血を吸われることはないんですか？」と質問をいただきます。オオコウモリは血を吸わず、動物園ではおもに果物や野菜を与え、野生で食べるハマイヌビワやガジュマルの枝葉も園内で採取して与えています。

また、当園では動物がエサを食べている様子を観察できる『くわっちータイム』を行っています。オオコウモリの観察ポイントはエサの食べ方です。どんな食べ方かというと、エサを咀嚼《そしゃく》して果汁を吸ったら、食べかす（ペリット）を捨ててしまうのです。オオコウモリは好きなエサを食べるときは長く咀嚼し、そうでもないエサは短く、エサの好みがわかりやすいところが面白いです。

果物のカキは好きなようで、ずっと咀嚼しています（オリイオオコウモリ）。

『鳥っぽい何か』の正体

コウモリは日本の哺乳類ではげっ歯目を抜いていちばん種数が多く、近年も奄美大島《あまみおおしま》で新種の小型コウモリや、沖縄で日本未記録の小型コウモリが偶然発見されるなど、ホットな情報が多いとても魅力的な動物です。

南北に長い日本では、地域によって身近に観察できる野生動物も異なります。本州で身近なコウモリは『アブラコウモリ（人家にすむためイエコウモリの別名もあり）』などの小型コウモリですが、南の沖縄では翼を広げて約1mにもなる、このクビワオオコウモリがいちばん身近です。そのため沖縄にいらした方には「夜になるとカラスくらいの大きさの鳥っぽい何かが飛んでいるけれど、あれは何!?」と驚かれることもあります。

オリイオオコウモリ。

意外と長生き

オリイオオコウモリの親子。
母親の体に隠れるようにして
過ごしています。

一般的に、哺乳類は体重が重いほど妊娠期間が長くなりますが、大きさのわりに、コウモリはほかの哺乳類にくらべて妊娠期間が長いといわれています。当園でみられたオリイオオコウモリの約7カ月もかなり長いです。夜間〜早朝にかけての出産が多く、朝、飼育員が出勤して確認したら赤ちゃんが生まれていたこともよくあります。また、朝や夕方から出産がはじまり、来園者の方と一緒に出産を見守ったこともありました。

野生ではなかなか見ることができない、動物園だからこその観察ポイントといえば『子育て』でしょう。子どもは普段、母親に抱っこされて翼で隠されていることが多く、存在を来園者の方にきづいてもらえないことが多いですが、生後約1カ月になると母親がエサをとるときに離れるようになり、姿を観察しやすくなります。その後、徐々に母親から離れる時間が増え、生後約3カ月で親離れします。

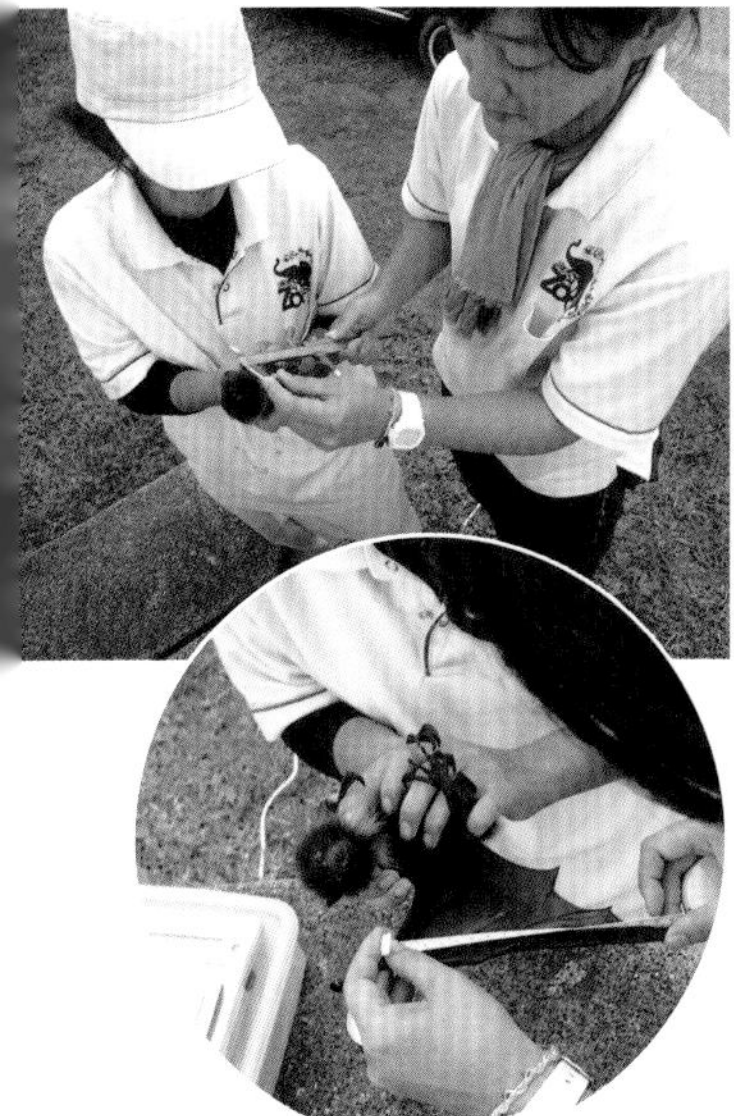

オリイオオコウモリの
子どもを計測しているところ。

体の大きさの測り方

オオコウモリの子育て期間中は、繁殖《はんしょく》生態を調べるために、定期的に体の大きさを計測しています。動物の体は一般的に『体長（動物を仰向けにして背骨をまっすぐにした状態の、鼻先〜尻尾《しっぽ》の付け根までの長さで、頭胴長《とうどうちょう》ともいいます）』で表しますが、コウモリでいちばんよく計測する部位は『前腕長《ぜんわんちょう》』です。人でいうと肘〜手首までの部位で、オオコウモリでは約13〜14cmくらいになります。

動物園では、治療や健康診断などさまざまなときに動物を保定《ほてい》しますが、オオコウモリはほかの哺乳類とはちがった姿・形をしているため保定する体の部位も異なり、飼育員でも慣れていない人はとまどいます。

オオコウモリの未来のために

当園のオオコウモリは、現在は野生から保護された個体と、それらから繁殖した個体がほとんどです。野生では交通事故にあったり、ネットやヤシに絡まったりなど、さまざまな理由でケガをして保護されることがあります。

南北大東島《だいとうじま》にのみ生息するダイトウオオコウモリは国内希少野生動植物種であり、環境省のレッドリストでは絶滅危惧ⅠA類（CR）に指定されています。オリイオオコウモリは準絶滅危惧種（NT）に指定されています。沖縄では島ごとに異なる野生動物が生息しており、もともとの生息数が少ない種類もたくさんいます。オオコウモリのような野生動物がいつまでも暮らしていけるよう、動物園ではその魅力や野生で置かれている現状をしっかりと発信していきたいと思います。

沖縄こどもの国

〒904-0021
沖縄県沖縄市胡屋5-7-1
TEL：098-933-4190

文・写真：金尾由恵

No. 37

アジアにすむなかま ▼

ニホンカモシカ

1955年に『特別天然記念物』に指定された動物

ニホンカモシカ（*Capricornis crispus*）は、哺乳綱鯨偶蹄目の、シカ科ではなく、ウシとおなじウシ科の中のカモシカ属に分類されます。

ニホンカモシカ（以下、カモシカ）は日本の固有種で、本州（現在は中国地方を除く）、四国、九州の高〜低標高域に生息しています。カモシカが動物園などで本格的に飼育されはじめたのは、戦後になってからです。平均体重は30〜35kgほどで（性差なし）、体形はヤギに似て、四肢《しし》と前半身の筋肉が発達しています。

採食は、季節によってイネ科の草本、ササ類や木の葉、堅果《けんか》、樹皮などを食べます。ウシとおなじく胃袋が4つに分かれ、食べたものをもう一度口に戻す『反芻《はんすう》』を行います。毛の色は一般的に褐色《かっしょく》や灰色、黒色ですが、中にはオレンジのような明るい色など、個体や地域によって差があるようです。雌雄ともに角をもっていますが、シカとは異なり、枝分かれしたり抜け落ちたりしない一生ものです。
カモシカを見たとき、「目の下にもう1つ目がある！」と思うかもしれません。この目の下の黒いものの正体は眼下腺という分泌物《ぶんぴつぶつ》が出るところで、カモシカはここをこすり付けてなわばりの印を残しています。野外の調査では、平均寿命はメス6.5歳、オス6.2歳で、最長寿命は25歳が報告されています。ニホンジカやイノシシとくらべると長命ですが、繁殖《はんしょく》力は弱めです。

知っておきたい

その昔、ニホンカモシカは乱獲によって数が減り、1934年に天然記念物に指定されました。それでも密猟が続いたことから、1955年には『特別天然記念物』として手厚い保護を受けることとなりました。その結果、個体数は回復。同時に、その時期に戦後の拡大造林の政策により山林伐採が進められたことで、下草などの食べものが豊富となり、生息地では高密度化が起こり、分布域も拡大していきました。それに伴い、1970年代には植林されたスギやヒノキの幼齢木がカモシカに食べられてしまう林業被害が問題となり、保護対象であるはずのカモシカは害獣としても認識されてしまいました。しかし、近ごろでは造林面積の縮小により林業被害も減り、シカやイノシシの方が大きな被害を及ぼすことから、カモシカ＝害獣の認識は薄れつつあるかもしれません。

こうして個体数は増えたものの、一部の地域では現在も数が少ないことから、環境省レッドリスト2020では九州・四国・紀伊山地・鈴鹿産地のカモシカが『絶滅のおそれのある地域個体群（LP）』として指定されています。

井の頭自然文化園の方が教えてくれた マニアックなお話

少ない頭数で飼育しているわけ

カモシカの飼育場所で、来園者の方によく「飼育している数が少なくてさびしいですね」と声をかけられます。実は、1頭もしくは2頭で飼育するのには理由があります。カモシカは雌雄ともに群れをつくらず、明確ななわばりをもって暮らすため、オスどうし・メスどうしを複数で飼育することは困難です。雌雄ではなわばりが重複できるため同居飼育が可能ですが、それでも相性をよく観察する必要があり、問題があれば物理的に離せる環境を用意します。子どもの誕生は喜ばしいことですが、カモシカの子育て期間は1年ほど。それを過ぎれば、親とはいえ同居を続けることはできません。動物園では動物の移動先なども考え、計画的に繁殖を検討しています。

逃げない。でもさわれない

カモシカの好奇心の強さには驚かされます。飼育員が飼育場所へ入ると、（個体にもよりますが）人や掃除道具に頻繁《ひんぱん》に近づいて来ます。野生では単独で暮らすカモシカにとって、自身で危険を確認する行為は、生き残るために必要なのかもしれません。

近くまで寄ってくるからといって、ペットのように人になつくわけではありません。目はじっとそらさず、耳をしっかりとこちらに向け、人の動きに敏感に反応します。ゆっくりさわろうとしても、直前で逃げ出してしまいます。その後もこちらをじっと見つめたり、また近づいてきたり……。好奇心と警戒心の入り混じった瞳からは、野生動物の魅力が感じられます。

カモシカは見た目では妊娠《にんしん》がわからない？！

寒い山岳地帯で暮らすカモシカは体毛が多く、外見から体形を正確に把握するのは困難です。体形の把握は、動物の健康管理はもちろんですが、メスの妊娠を判断するための重要な指標になります。さわって把握する方法もありますが、前述のようにカモシカにさわることは難しいため、井の頭自然文化園（以下、当園）では体重を量って把握しています。エサで誘導し、カモシカ自身で大きな体重計に乗れるように練習したところ、カモシカの好奇心の強さが発揮され、すぐに慣れてくれました。

カモシカの体重測定の様子。

夏に向けてブラッシング！

カモシカの温かそうな毛（冬毛）は、冬の寒さをしのぐために非常に重要です。その反面、冬毛がうまく抜けなければ、暖かい時期には邪魔になってしまいます。毛の生え変わりが遅い個体もいるため、当園ではカモシカの暑さ対策として、換毛《かんもう》の手伝いをしています。

ペット用のブラシを用意し、60cmほどの柄をつけて、カモシカにエサを食べさせながら冬毛をとっていきます。カモシカは、最初はブラシに興味を示しますが、いざさわられると逃げ出してしまうため、どこまで許容するかを見極めながら少しずつ慣らしていきます。練習の成果もあり、いまでは体の隅々まで余分な毛をとれるようになりました。

ブラッシングは、
人の安全にも配慮して行います。

爪の状態には要注意！

ニホンカモシカは鯨偶《くじらぐう》蹄目《ていもく》に分類され、蹄《ひづめ》がチョキのような形で生えています。この蹄がのびすぎたり、逆に削れすぎたりして変形すると、足に負担がかかり、最悪の場合立てなくなってしまいます。野生では適切な運動で蹄は自然に削れますが、動物園では運動量が少なく、蹄がのびやすい傾向があります。そのため飼育場所の床材を変え、うまく蹄が削れるよう工夫しています。現在は火山礫《かざんれき》というかたい小さな石を敷《し》いています。

床材として敷いた
火山礫。

もっとディープに！ ニホンジカとくらべてみよう！

分類：ウシ科
生息地：本州（現在は中国地方を除く）・四国・九州
行動：なわばりをもち、おなじ場所に何年もすむ。基本的に単独か家族で生活
角：雌雄両方にあり。抜けない
繁殖：繁殖力は強くない。一夫一妻

井の頭自然文化園

〒180-0005
東京都武蔵野市御殿山
1-17-6
TEL：0422-46-1100

文・写真：伊藤達也

No.
38

アジアにすむなかま ▼

ヤクシカ

体が小さい ニホンジカの１種

ヤクシカ（*Cervus nippon yakushimae*）はニホンジカ（*Cervus nippon*）の亜種で、哺乳綱鯨偶蹄目の、シカ科シカ属に分類される偶蹄類です。

ヤクシカは、日本に暮らすニホンジカの中でも、屋久島《やくしま》に生息するシカです。ニホンジカは日本全国に広く生息しますが、すむ地域によって、さまざまな亜種に分けられます。ヤクシカ以外にも、北海道（エゾシカ）、本州（ホンシュウジカ）、四国・九州（キュウシュウジカ）、馬毛島《まげしま》（マゲシカ）、対馬（ツシマジカ）、慶良間《けらま》諸島《しょとう》（ケラマジカ）などがいます。

　ニホンジカはときに農耕地に出てくることもあり、日本では最も農業・林業への被害を多く出している動物です。そのため侵入防止のフェンスや忌避剤《きひざい》など、さまざまな方法でニホンジカの食害を抑える取り組みがされています。

　ヤクシカはニホンジカの中でも体がいちばん小さく、体高は約80

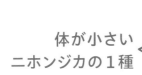

井の頭自然文化園の方が教えてくれた　マニアックなお話

実は子どもだけじゃない『鹿《か》の子《こ》模様《もよう》』

夏の暖かい時期、ヤクシカの体には背中に白い斑点《はんてん》模様が見られます。前述のように体が小さいことも関係しているのか、鹿の子模様とも呼ばれるこの斑点を見て、来園者の方から「子鹿だ！」といわれることが多くあります。実は、おとな・子ども関係なく、ニホンジカは夏になるとみんなこの模様になります。なぜニホンジカたちはこのような模様になり、冬にはなくなるのでしょうか。暖かい時期、ニホンジカたちが暮らす森の中を歩くと、生い茂った木々の間から木漏れ日がさしこんできます。鹿の子模様のシカに木漏れ日があたると、外敵にみつかりにくいカモフラージュになります。木々の葉が落ちた冬には必要なくなるため、鹿の子模様は暖かい時期だけ見られるといわれています。

もっと
ディープに！

カモシカと
くらべてみよう！

分類：シカ科
生息地：北海道・本州・四国・九州
行動：オスとメスで別々の群れをつくるが、繁殖《はんしょく》期にはオスがなわばりをつくり、ハーレムを形成する
角：オスのみがもち、毎年生えかわる
繁殖：繁殖力が強く、春に1頭（まれに2頭）の子どもを産む

地面の『ちょうどよい』かたさは…？

ヤクシカの飼育で気をつけていることは、足を大切にするということです。蹄《ひづめ》で立っているヤクシカは、コンクリートのかたい地面では滑ってしまってケガをすることもあります。やわらかい地面では滑らずに安心ですが、今度は蹄がうまく削れずのびすぎてしまい、足に負担がかかってしまいます。とても悩ましい問題ですが、井の頭自然文化園（以下、当園）では、『ある程度かたさのあるゴム素材』を床材にしています。ヤクシカの歩き方をよく観察し、元々コンクリートだった運動場もこの素材に変更しています。動物の健康のためには、このように飼育施設そのものに改良が必要になることがあります。

ゴム素材の上を歩くヤクシカ。

cm、体重も30kgほどしかありません。反芻胃《はんすうい》をもち、野生では草だけでなく木の葉や果実などを食べて暮らしています。屋久島で1万2千〜1万8千頭ほどがいると推測され、人がもち込んだわけではなく、昔からそこに自然分布していたといわれています。

ほかのニホンジカ同様にオスだけが角をもちますが、枝分かれの数が3本と、ほかの亜種にくらべて少ない傾向があります。秋に交尾期を迎え、暖かくなってきた春に1頭（ごくまれに2頭）の子どもを出産します。

知っておきたい

　ニホンジカは繁殖力が強く、オオカミなどの天敵がいなくなったなど、多くの要因から広範囲で生息数を増やしてきました。農林水産省の調査では、2020年度の野生鳥獣による農作物被害額は161億円で、ニホンジカがそのうちの35%を占めています。また同年度の森林被害面積においては、73%がニホンジカによると報告されています。
　そのため、環境省と農林水産省では2013年から、抜本的な鳥獣捕獲強化対策を講じてきました。駆除されたシカの一部は、屠体給餌《とたいきゅうじ》にも使用されています（p.81参照）。その結果、ニホンジカの生息数は2014年をピークに減少傾向になっています。一方で、ニホンジカの中でも馬毛島のマゲジカなど、絶滅のおそれがある地域個体群として挙げられる種もあります。また『奈良のシカ』が国の天然記念物として登録されたりと、地域により人とシカはさまざまなかかわりをもっています。

井の頭自然文化園
〒180-0005
東京都武蔵野市御殿山
1-17-6
TEL：0422-46-1100
文・写真：伊藤達也

ヤクシカを困らせる虫

ヤクシカを飼育していると、毎年やっかいな問題があります。それはサシバエという昆虫《こんちゅう》で、動物の血を吸うハエです。春と秋に大発生し、ヤクシカの皮膚《ひふ》が薄い足を狙って血を吸いにきます。これはヤクシカにとって大きなストレスとなり、毎年飼育係はこの対処に追われます。運動場にはヤクシカのベッドとして、藁《わら》がたくさん敷《し》いてあります。ヤクシカたちはやわらかい藁の上で休んでいますが、これはサシバエに狙われやすい足を隠す効果も期待しています。そのため、できるだけ藁をふかふかな状態に保つように管理しています。

ヤクシカの採食風景。エサ箱の裏にはサシバエを捕獲するための青いシートを設置しています。

サシバエを捕まえる

サシバエからの逃げ場を用意したり、サシバエが発生しないよう運動場を消毒していますが、被害を防ぐのは困難です。そのため当園ではサシバエを捕まえる試みを行い、秘密兵器を作製しました。上の写真を見るとただのエサ箱のようですが、裏側を見ると青いシートが貼ってあります。これはハエがくっつくと逃げられない粘着質のシートで、ヤクシカの足に寄ってきたサシバエを捕まえます。日によってはシートが真っ黒になることも……。忌避剤もいくつか試しましたが、当園のヤクシカでは思うような効果があげられていません。サシバエの発生時期や数は毎年変動があり評価が難しいですが、ヤクシカたちがより快適に暮らせるよう、試行錯誤していきたいと思います。

No. 39

アジアにすむなかま ▼

フタコブラクダ

コブが大きく
盛り上がり
張っていると
栄養が十分な
証拠です
長い
まつげが
ポイント

暑さにも寒さにも強い！ コブをもつ動物

フタコブラクダは、哺乳綱鯨偶蹄目ラクダ科ラクダ属の動物です。実はフタコブラクダには２種がいると考えられており（*Camelus bactrianus*：家畜型、*Camelus ferus*：野生型）、神戸どうぶつ王国の個体は家畜型です。

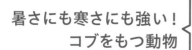

フタコブラクダは中国・モンゴル（中央アジア周辺の山岳地帯や山地の砂漠地帯）に生息します。基本的に1頭のオスと数頭のメスの群れで生活をします。全長（頭の前端〜尾の最後端までの大きさ）は3〜3.3m、体高（立ったときの足〜頭頂までの高さ）は1.9〜2.3mです。体重は350〜700kgで、大きい個体では軽自動車とおなじくらいの重さになります。

背中のコブには脂肪が詰まっていて、食べものがないときはエネルギーに変えています。脂肪というと「やわらかそう」と思われるかもしれませんが、健康な個体のコブは大してやわらかくありません。逆に、栄養が足りないとコブは背中に垂れたような状態になります。毎日ちゃんとエサが食べら

れる動物園や家畜のような飼育下の個体は、コブに栄養を溜める必要がないため、一度こうなるともとの状態にはなかなか戻りません。
　生息している砂漠地帯は強風で砂が舞うため、長いまつげで目を守ります。仮に目に砂が入っても常に涙目なので、すぐに涙とともに洗い流せます。また、鼻の穴を自由に開閉でき、砂などの異物の侵入を防いでいます。
　草食性で、栄養価の低い植物を吸収できるように何度もすりつぶす必要があります。そのため、一度飲み込んだ食べものを胃から口の中に戻し、再び噛《か》んでまた飲み込む『反芻《はんすう》』をします（反芻動物）。食事をしていないのに口を動かしているのは、反芻をしているときです。ちなみに、ほかにもウシやヒツジ、キリンなども反芻をする

神戸どうぶつ王国の方が教えてくれた マニアックなお話

暑い日も寒い日もへっちゃら

フタコブラクダの生息地は、夏季には気温40度を超えるほど暑くなります。ですが、そんな過酷な環境でも、ラクダは何時間も荷物をのせて歩くことができます。その理由は、体温を外気にあわせて上下させて発汗を抑えるからです。長時間水分をとらずに活動したラクダは、水を飲めるチャンスが訪れると一気に100リットル以上水を飲むこともあるといわれます。また、背中全体をおおうようにあるコブには脂肪が集約されていて、ほかの部位にはほとんど脂肪がないため、コブが直射日光をさえぎる断熱材のような役割をし、熱を逃がすことができます。これらの特徴のおかげで、厳しい暑さでも健康に生活できるのです。

　このような特徴からも「ラクダといえば年中暑い砂漠にいる」という印象をおもちの方が多いですよね。実は、フタコブラクダの生息地は冬季にはマイナス30度にまで気温が低下します。そこで大活躍するのが体毛です。毛の中でも『キャメルヘア』と呼ばれる部分はきわめて細く、吸湿性、発散性、保温性に優れており、常に乾いた状態になる性質をもっています。また、夏季と冬季では毛量が全然ちがい、おなじ個体をみても「ちがう個体ではないか」と思うほどです。

　少し個体差はありますが、毛色はラクダの英名である『キャメル』色（薄い茶色）です。寒さにも耐えられる毛は人にも利用されています。利用するときは、春になって抜け落ちた毛を集め、太くてかたい『刺毛《さしげ》』と下に生える細くてやわらかい『キャメルヘア』に分けます。フタコブラクダの毛は圧倒的に量が少なく、大変貴重で、自然に抜けたものやブラシをかけて取れる毛しか採取できません。人が利用できる毛量は、羊毛にくらべるとわずか 0.14％といわれ、その希少性はおよそヒツジの1000倍です。なお、ラクダにはもう１種ヒトコブラクダがいますが、こちらは毛が短いため、利用されていません。

夏のコブ(上)と冬のコブ(下)。

キャメルヘア。

体の構造　怒ると口から胃を出す？

ラクダの大きくて平らな足裏には、やわらかい脂肪でできた大きな蹠《しょ》球《きゅう》があります。この蹠球のおかげで、砂漠でも足が砂に沈んだり足をとられたりすることなく歩くことができます。また、膝にはクッションの役目をする硬結《こうけつ》があり、かたい地面でも座って休むことができます。

「ラクダは興奮すると口から胃袋を出す」ということを聞いたことがありませんか？ これは、実は胃袋ではなく、喉の奥の口蓋《こうがい》をふくらませています。この行動は、オスのラクダが興奮したり、発情期にメスにアピールしたりするときに行われるといわれています。

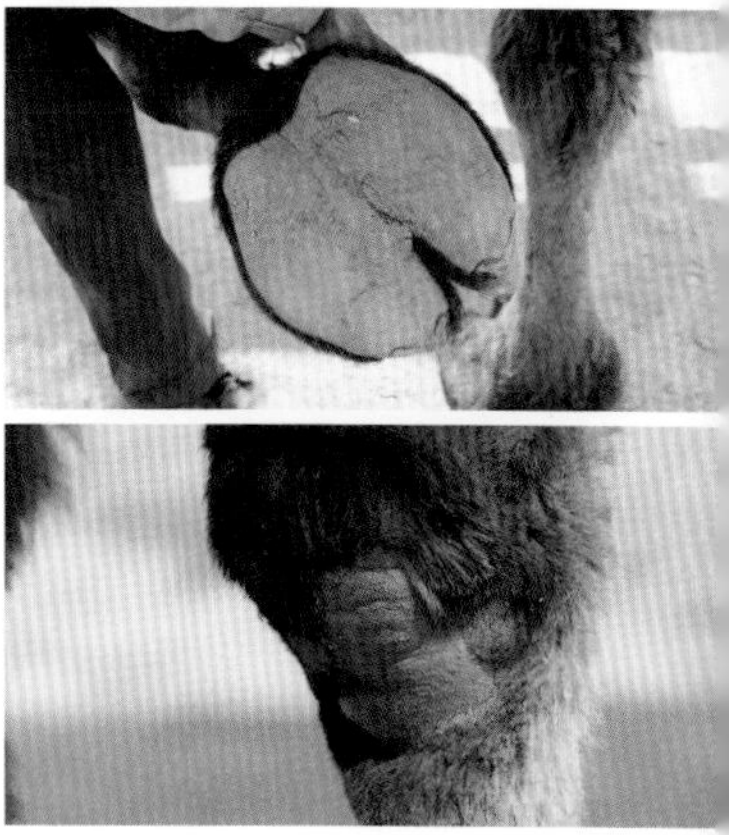

足の裏（上）と膝（下）。

知っておきたい

実は絶滅危惧種

きれいなキャメル色で光沢のある毛を求めて乱獲されたことにより、野生種のフタコブラクダは、モンゴルのアルタイ山脈のふもとなどにきわめて少数が存命しているだけであるといわれています。その数は1000頭以下といわれ、絶滅危惧種（IUCNレッドリストではCR）に指定され、保護されています。

ラクダに乗ろう！　ラクダライド

神戸どうぶつ王国（以下、当園）では、関西で唯一フタコブラクダに乗ることができます。ラクダにライドトレーニングをすることによって、お客様にめったにできない経験をしていただくだけでなく、ラクダにとっても限られたスペースでの飼育が原因の運動不足を改善し、健康維持ができるように図っています。

また、当園のラクダは、普段から飼育員に体のいろいろな部位をさわられる練習（ハズバンダリートレーニング）を進めており、何かあったときにはストレスなく検査や治療などを行えるようにしています。

ので、口に注目してみてください。このような反芻動物は基本的に胃が4つに分かれていますが、ラクダの胃は第3と第4の胃の区別がほとんどないという特徴があります。

繁殖《はんしょく》時期は2月ごろです。妊娠《にんしん》期間は378〜405日、1回の出産で1頭を産みます。5年で性成熟します。子どもは生後4〜5年で性成熟します。寿命は20〜30年で、国内の最長記録は推定38歳です。

神戸どうぶつ王国

〒650-0047
兵庫県神戸市中央区
港島南町7-1-9
TEL：078-302-8899

文・写真：鎌田一心

No. 40

アジアにすむなかま ▼

アムールトラ

広いなわばりをもつ、強く大きなトラ

アムールトラ（*Panthera tigris altaica*）は哺乳綱食肉目ネコ科ヒョウ属に分類されるトラの１亜種です。『シベリアトラ』とも呼ばれています。

アムールトラは絶滅亜種もふくめて8～9亜種のトラの中でも最大の亜種で、現存するネコ科動物の中でも最大種です（現在、亜種の分け方にはさまざまな意見があります）。体はオスの方がメスより大きく、大きなオスでは体長が3m前後、体重が300kg近くになります。ロシア～中国北東部にかけて流れるアムール川流域の森林地帯を中心に生息します。

　肉食動物で、野生ではシカやイノシシや魚などを食べ、大きな体を活かしてヒグマなどの大型動物も捕食します。群れをつくらず単独で生活し、なわばりの中を1日に数十km移動します。なわばりはその場所のエサ資源の量（獲物となる動物の数）で広さが変わりますが、体が大きいぶん食べる量も

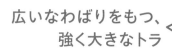

浜松市動物園の方が教えてくれた　マニアックなお話

水でも陸でも大丈夫　アムールトラ

「猫は水が嫌い」といわれるように、ネコの仲間は水が苦手な種が多いのですが、アムールトラはネコ科動物では珍しく、泳ぐのが得意です。野生ではおもに移動や狩りのために水に入るのだと考えられますが、動物園では暑い時期に涼をとったり遊んだりするのが中心です。好んで水に入る個体が多く、浜松市動物園（以下、当園）では深さ2.5mの水堀で1時間以上泳ぎつづけることもしばしばあります。

日本よりも寒い地域に生息しているアムールトラは寒さに強く、動物園では真冬でも平気で寒中水泳を楽しんでいる様子を見ることができます。

泳いでいるアムールトラ。

アムールトラと竹

当園のアムールトラ舎には竹林があり、竹をバックに過ごしているアムールトラを見た来園者の方から「画になる」、「山月記みたい！」という声をいただくことがあります。

トラといえば屏風《びょうぶ》に竹とともに描かれていたりして、竹林にいるイメージをもつ方もいるかもしれませんが、実はアムールトラの生息地に竹はありません。アムールトラは『タイガ』と呼ばれる針葉樹と広葉樹が入り混じった森に生息しています。タイガは亜寒帯、つまり寒い地域の森林で、比較的暖かい場所に分布する竹はこの地域にはなく、竹の分布域に生息するトラは別の亜種のトラです。竹林のアムールトラはとても映えますが、実は野生では見られない、動物園ならではの光景ですね。

竹を折って遊ぶところ。

多く、十分な食べものを確保するために1頭で約1000㎢（東京都の面積の約半分）の広大ななわばりになることもあるといわれます。

野生下での平均寿命は15歳前後、飼育下では20～25歳といわれ、平均2～4頭程度の子どもを産みます。生まれた直後の子どもは体重が1kg前後で、目も開かない未熟な状態です。立ち上がって歩くこともできませんが、においを頼りに自力で母親の乳房までたどりつきます。その後、巣穴の中で母乳を飲んで成長し、生後1カ月ほどで目が開き、少しずつ立ち上がって歩けるようになります。生後2～3カ月ごろには本格的に肉を食べるようになり、徐々に離乳します。子どもは1歳半～2歳くらいまで母親と過ごし、おとなになると1頭で暮らします。

知っておきたい

アムールトラは獲物の減少や密猟《みつりょう》などで数が激減し、絶滅寸前まで追い込まれました。野生で最も生息数が少なくなった時期は、30頭前後になったといわれています。近年保護活動や法規制などにより少しずつ生息数が回復していますが、現在の生息数は500〜600頭前後と依然として絶滅の危険に瀕していて、IUCNのレッドリストでは絶滅危惧種（EN）に指定されています。

生息地の環境破壊で獲物が減少しているため、近年の野生の個体は成長不良が多いといわれ、生息地の環境回復もふくめた総括的な保全が求められています。また、アムールトラの数が増えてきたことで、おなじ地域に生息する絶滅危惧種のアムールヒョウとの獲物の競合や、人との衝突の増加など、新たな問題も生じています。

浜松市動物園

〒431-1209
静岡県浜松市西区
舘山寺町199
TEL：053-487-1122

文：川崎大輝
写真：浜松市動物園

オスとメスが一緒に過ごすのは、繁殖期のごく短い間だけです。

出会いは お見合いから

アムールトラは基本的に単独で生活しますが、動物園では繁殖《はんしょく》期にオスとメスを同居させます。メスの発情のタイミングにあわせての実施が多いですが、鋭い牙《きば》や爪をもつトラどうしのケンカが起こると大事故につながるおそれがあるので、同居の前に柵《さく》越しでのお見合いやお互いの部屋のにおいを嗅《か》がせるなどの慣らしを行います。

トラの性格によって慣れるのにかかる時間は異なるため、個体に合った方法でお見合いを重ね、お互い十分に慣れてから同居に臨みます。

産箱は飼育員お手製！

産箱と赤ちゃん。

動物園では、動物が交尾した日から妊娠《にんしん》期間と出産予定日を算出し、出産への準備をします。アムールトラの妊娠期間は約100日で、野生では岩陰や木の洞《ほら》など、身を隠せる場所を巣穴にして出産します。動物園でもなるべくおなじ状況で出産できるよう、産室や産箱を出産予定日の数カ月前から用意し、母親が日常的にそれらを使えるようにして慣れてもらいます。当園では、飼育員の手作りの産箱を使用しました。

育児中のメスは警戒心が強まるため、目隠しなどを作り人目を避けられる環境を整え、飼育員も極力かかわらずそっとしておいて、母親が安心して子育てできるように努めます。

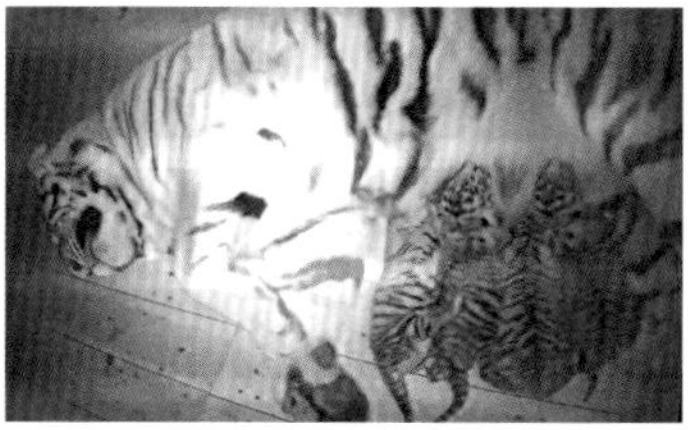

授乳中の親子の様子。

レッサーパンダ

野生では木の上にいます

写真提供：川崎市夢見ヶ崎動物公園 長谷川誠

警戒心が強い 竹の葉を食べる食肉目

レッサーパンダ（*Ailurus fulgens*）は、哺乳綱食肉目レッサーパンダ科レッサーパンダ属に分類される動物です。学名は『炎色のネコ』、『光るネコ』という意味をもちます。

レッサーパンダは、シセンレッサーパンダとネパールレッサーパンダの2亜種に分かれ、シセンレッサーパンダは中国南西部~ミャンマー北部、ネパールレッサーパンダはネパール~インドのアッサム州のヒマラヤ山脈に生息しています。いずれも気温があまり上がらない低山帯・亜高山帯の森林や竹林なので、日本の夏は苦手です。

猫のような体形で、体重は4~7kg、体長約60cm、尾長約50cmです。体は明るい茶色で、お腹と足は黒、目の上・口や耳のまわり・頬《ほほ》は白です。尻尾《しっぽ》には淡い褐色《かっしょく》の縞模様《しまもよう》があります。また、『パンダ』という名前どおり、主食は大量の竹の葉です。野生では果実、鳥類の卵なども食べます。個体によって好みがあり、西山動物園（以下、当園）

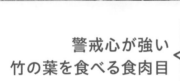

西山動物園の方が教えてくれた マニアックなお話

竹の葉を大量に食べます。

かわいい顔してウンチ山盛り

レッサーパンダの主食は竹の葉です。食肉目に分類されていますが、草食動物のように臼歯《きゅうし》が平らで、竹の葉をすりつぶすのに適しています。しかし、消化器官の構造は肉食動物なので、竹の葉の消化吸収率は低いです。そのため1日にたくさん竹を食べます。

ゆえに、糞《ふん》の量もかなりのものです。糞をする場所は基本的に決まっていて、1つの空間に大体3～4カ所のポイントがあります。食べものにより形状は異なるので、何を食べたか糞からわかります。竹を食べたときの糞は楕円形《だえんけい》で消しゴム程度の大きさで、竹の葉を蒸したようなにおいがします。果物を食べたときの糞は、色もにおいもその果物そのものです。8歳のメスが1日に出す糞を量ると、約980gになりました。おとなの日本人の1日の便は約200gといわれるので、人よりずっと小さい体なのに、その排泄《はいせつ》量は約5倍にもなります。かわいい顔のレッサーパンダですが、この量はかわいいとはいえないですね。

知っておきたい

レッサーパンダは絶滅危惧種(IUCNレッドリストではEN)に分類されています。その理由は、生息地の減少、密猟《みつりょう》・違法取引などです。人が森林伐採を行うことで生息地が減少し、食べものもなくなってしまいます。レッサーパンダの商業目的の国際取引はワシントン条約により禁止され、現地での保護活動も進められていますが、現在も密猟が行われています。

冬が大好き！

はじめての雪に大興奮！

レッサーパンダは体毛が足の裏まで密に生えていて、夏の暑さには弱く涼しい場所で休むことが多いですが、冬の厳しい寒さは平気です。普段はのんびりとした性格の個体も、雪が積もるとテンションが上がって走り回ることがあります。雪の中を楽しそうに走る様子はとてもほほえましいです。雪が降る寒い日の動物園も、実は普段とちがう様子を見ることができるのでおすすめです。

では主食として孟宗竹《もうそうちく》のほか、リンゴ、ニンジンなどを与えています。前肢《ぜんし》の発達した突起（『種子骨《しゅしこつ》』という骨）は人の親指のような役割をもち、これで竹の葉を引き寄せます。生まれたばかりのレッサーパンダは母親やきょうだいと一緒に暮らしますが、おとなになる1歳半ごろまでには1頭で生活するようになります。動物園の個体も基本的には1頭ずつ飼育されています。

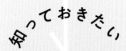

おもに1～3月に交尾する季節《きせつ》繁殖動物《はんしょくどうぶつ》で、普段はあまり鳴きませんが、繁殖期に入ると雌雄ともに「ピーピー、キュルキュル」と鳴くことが多くなり、オスとメスがお互いに引き寄せあいます。鳴き声のほかにも追尾、威嚇《いかく》、においづけ（マーキング）などが増加します。

妊娠《にんしん》期間は大体120日前後で、おもに6月中旬～8月に1～3頭を

体重測定はリンゴを使って

レッサーパンダの体重は小さいと約４kg、大きいと約７kgです。動物園では、健康のために１頭１頭適正な体重を把握し、太りすぎたりやせすぎたりしないようにエサを増減する必要があります。当園では、リンゴなどの好物を与えながら人の赤ちゃん用の体重計へ誘導することで、どの個体もスムーズに計測できるようになりました。

また、体重測定は妊娠の目安にもなります。妊娠すると、出産間近には普段より３割ほど重くなります。レッサーパンダは体毛が密に生えており、太っているのかやせているのかが外見ではわかりにくいので、定期的な体重測定はとても大切です。

木の上がお気に入り！

レッサーパンダは手足の鋭い爪をつかって、上手に木に登ります。高い場所が落ち着くようで、あまり地上では休みません。大きな音がしたときなど、何かを警戒するときも一目散に高い場所に行き、あたりをうかがいます。レッサーパンダの背中や頭、尻尾の茶色の毛は木の枝やコケの色とよく似て見えるため、ワシやタカ類などの天敵から身を守るのに役立ちます。また、お腹や手足の黒い毛はユキヒョウなどの地上の天敵からみつかりにくくなります。動物園でレッサーパンダが見当たらないときは、木の上にいるかもしれません。

新しい展示方法への挑戦！

当園は、とくにレッサーパンダの飼育・繁殖に力を入れています。展示の充実のために、2016年３月に新しく『レッサーパンダのいえ』をオープンしました。この施設はレッサーパンダの屋内・屋外展示のほか、壁面の生態に関するパネルの設置や、ビデオの上映なども行い、学習の場となっています。

屋内は柵《さく》ではなくガラスで仕切られ、頭上の吊り橋をレッサーパンダが通るので、来園者がレッサーパンダとおなじ場所にいるような臨場感を味わえます。また、ラウンジではくつろぎながら屋外のレッサーパンダを見ることができます。ぜひ遊びに来てください。

はしごからは顔が見えます♪

出産します。生まれたばかりの赤ちゃんは灰色ですが、徐々に色が変化して、生後2カ月ごろにはレッサーパンダらしい色合いになります。生後4カ月ごろには離乳期を迎え、竹の葉やリンゴなどさまざまな物に興味を示します。生後6カ月ごろには、見た目はほとんどおとなと変わらなくなりますが、中身はまだまだ子どもです。飼育下での寿命は約15年で、飼育技術の向上などにより20年以上長生きする個体も増えています。

西山動物園

〒916-0027
福井県鯖江市桜町3-8-9
TEL：0778-52-2737

文：大出章平
写真：中嶋公志

アミメニシキヘビ

世界最大級の長さに成長する大型のヘビ

アミメニシキヘビ（*Malayopython reticulatus*）は、爬虫綱有鱗目ヘビ亜目ニシキヘビ科マレーニシキヘビ属に分類される爬虫類です。英名はReticulated pythonといいます。

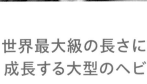

アミメニシキヘビは、インド、インドネシア、タイ、ベトナム、フィリピンなどの東南アジア広域に分布し、森林から都市部まであらゆる環境に生息しています。基本的には地表棲であり水場周辺に多く見られますが、ふ化直後の幼体～2.5m程度の亜成体《あせいたい》までは樹上棲傾向が高く、水辺に近い樹上でも頻繁《ひんぱん》に見られます。また幼体に限らず、3mを超えるような成体であっても木登りは非常に巧みです。ふ化直後のサイズ～4m程度までは細長いイメージが強い体形をしていますが、4m以上からはかなり太さが目立ってきます。体のサイズはメスの方が大型化します。

繁殖《はんしょく》形態は卵生で、産卵数は20～50個が普通ですが、最大で124個

ジャパン・スネークセンターの方が教えてくれた マニアックなお話

アゴの骨格がすごい！

ほかの脊椎動物とくらべて、ヘビの骨格でいちばん特徴的なのがアゴの骨です。上アゴは鼻先の周囲にある軟骨《なんこつ》の構造により柔軟で、下アゴは左右が連結せず独立しているため（下図①）、アゴの上下に開口する角度は実に160度を超えます。動かせる領域がケタちがいに広く、これがヘビ特有の『丸のみ』をするための最強の武器となります。獲物をのむ際は、独立した下アゴをうまくつかい、片方ずつ動かしながらのみ進めることができます。また、非常に長く鋭い歯を上下に約100本備えています（下図②）。この歯の形は、咀嚼《そしゃく》や噛《か》みちぎる動作のためではなく、獲物に深く突き刺し、がっちり捕らえて離さないことだけが役割です。このように、頭骨のパーツ1つひとつが『丸のみ』に特化した形状をしているというわけです。

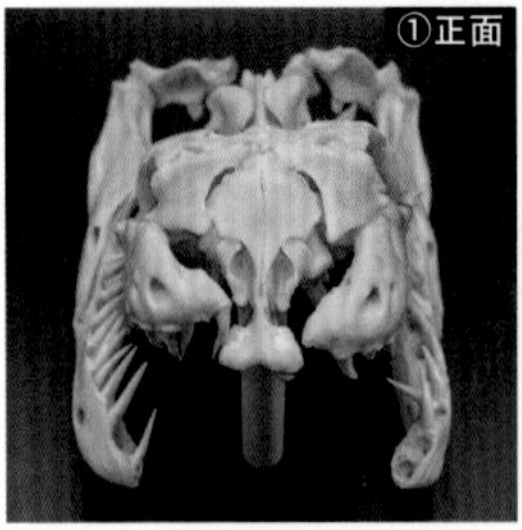

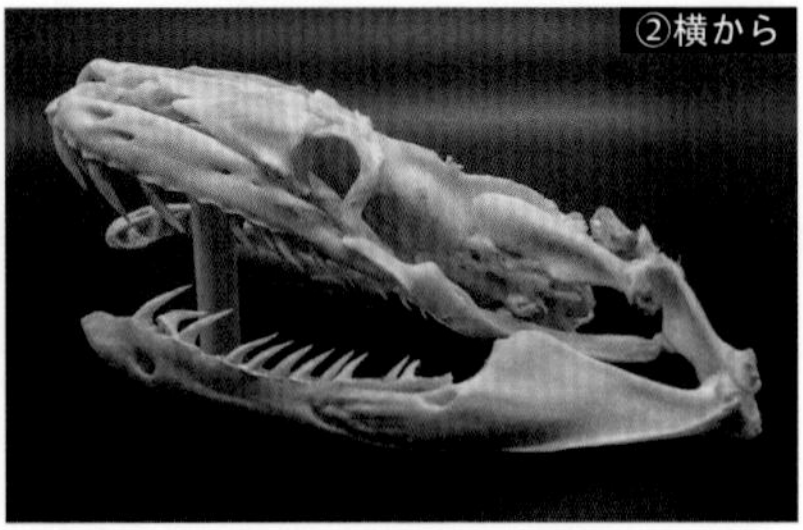

もっとディープに！

アミメニシキヘビは世界最大級の長さに成長する大型のヘビで、成体は5～7ｍサイズで体重は30～50kg程度。全長8ｍを超える記録があり、2022年時点で世界最長の記録をもっています。

８ｍ超えのサイズでは体重は70～80kgになります。オオアナコンダと並び『世界最大』を競う種類ですが、水中で生活するオオアナコンダの方が筋肉量ははるかに多く、体重は1.5～２倍程度重くなります。そのため、現時点での記録では世界最大種はオオアナコンダ、世界最長種がアミメニシキヘビとなります。

の産卵例も報告されています。また、ニシキヘビの仲間は爬虫類《はちゅうるい》では珍しく卵を守る習性をもち、卵を丸ごと『とぐろ』でおおい隠して温めつつふ化を待ちます。卵は産卵から2～3カ月でふ化に至ります。

寿命は諸説ありますが、20～30年が平均的だといわれています。

色彩は名前のとおり網《あみ》のような模《も》様《よう》が体全体に規則的に並び、表面は光沢を帯びます。また、この美しい色彩がゆえに、人から革を目的に命を狙われることもあります。

食性は肉食で、野生下では哺乳《ほにゅう》類《るい》・鳥類などを主食に脊椎《せきつい》動物全般を食べるといわれています。幼体時はネズミなどの小型げっ歯類や鳥類を食べ、大型になるとヤギなどの家畜、そして野生のイノシシの捕食記録が最も多いです。

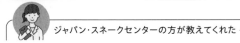

のみ込まれないようご注意を

オオアナコンダやアフリカニシキヘビでも報告はありますが、アミメニシキヘビは最も人を捕食しているヘビでもあります。生息環境が人の生活域に近いことからも件数が多く、過去10件ほどの報告があります。前述の特殊なアゴの構造と非常によくのびる皮《ひ》膚《ふ》のおかげで、頭部の約2～3倍あるものでも平気でのみ込むことができ、2022年にはインドネシアで成人女性が約8ｍの個体にのまれる死亡事故も。国内でも捕食事故ではありませんが、ペットの6.5ｍの個体に咬《か》まれて出血多量で亡くなった例があります。

おなじニシキヘビ科で大型種のビルマニシキヘビ。注意すべきポイントを知っていれば、こんな風にさわってもむやみやたらに咬まれたりはしません。

大きな獲物を丸のみするビルマニシキヘビ。大型のニシキヘビは、口を開く大きさまでトップクラスです。

アミメニシキヘビのお世話のポイント

アミメニシキヘビはただ体のサイズがかなり大きく力が強いというだけなので、習性や攻撃が届く距離を理解していれば、危険な状況に陥ることはまずありません。攻撃可能範囲は、頭から半径150cm程度なので「その範囲内に入らない」、または「衝立《ついたて》などで間接的に仕切って」から掃除などを行います。エサのにおいを感じると狩りのスイッチが入るため、エサやりのときはとくに要注意です。ピット器官と呼ばれる赤外線センサーをつかって熱源を把握し、正確に攻撃することができるため、正面に立ったり、エサの延長線上に体の一部を置いたりする行動はNGです。万が一、3ｍ以上のサイズの個体に本気で巻きつかれた場合、1人では外せない可能性があるため、ジャパン・スネークセンターでは世話のときは必ず緊急用の携帯電話を片手で取れる位置に携帯するようにしています。

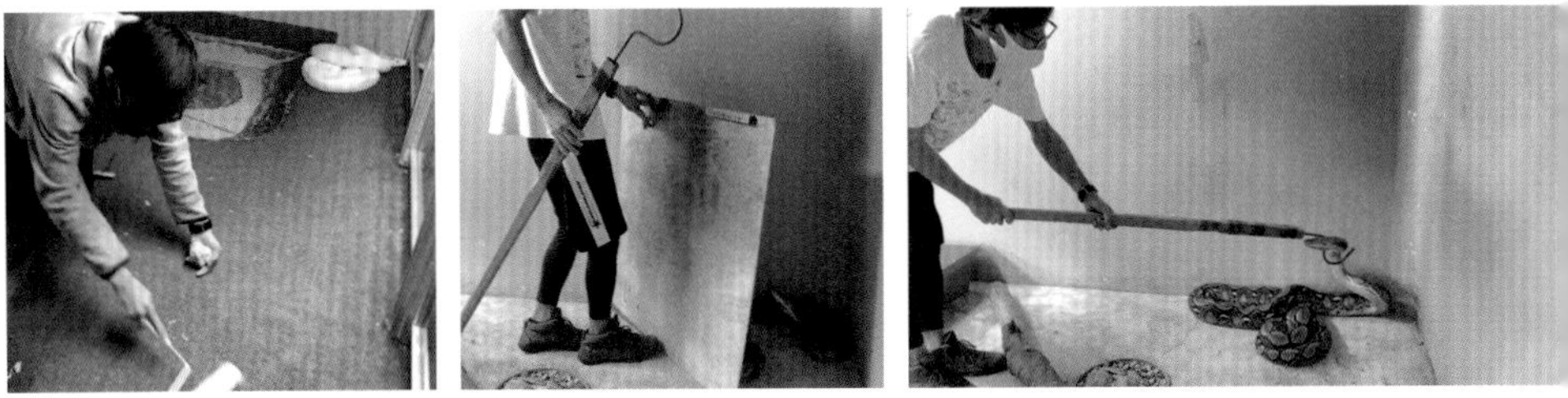

距離をとったり、衝立やフックを使いながら掃除します。

『特定動物』ってなに？ ペットとして飼われるアミメニシキヘビ

アミメニシキヘビは、ペット大蛇として世界的にみてもトップクラスの人気を誇り、繁殖や品種改良などが盛んに行われています。とくにアメリカやヨーロッパにはマニアやコレクター、凄腕のブリーダーが多く、さまざまな色・柄をもつ観賞用のアミメニシキヘビが数多く作出され、世界中に輸出されています。価格も1匹数十〜百万円以上と高額であり、加えて飼養設備も相当のサイズのものを用意する必要があるため、飼育者はある程度お金に余裕のある方がほとんどです。

ペットとしての人気は日本も例外ではありません。ただし、アミメニシキヘビは『**特定動物**』に指定されています。特定動物は、自治体の許可なく飼育することが法律で禁止されていますが、指定されているヘビの中で最も飼育数が多いのが本種です。ただし近年の法改正により、2021年6月以降は特定動物の愛玩飼養（ペットとしての飼育）での新規許可取得はできなくなりました。その背景には、近年問題となっている『無許可』飼育や脱走があります。2021年に横浜で起きたアミメニシキヘビの脱走事件は記憶に新しいと思いますが、あのような無責任な飼育者がいるために、真面目に飼育している人の肩身がだんだんと狭くなっているのが現状です。

そしてもう1つ、高額な金銭目的での密輸《みつゆ》、売買をする『無許可』飼育の存在も大きな問題です。毎年数件程度明らかになる無許可飼育ですが、まぬけなことに、バレる理由も『脱走』だったりします。

今後もこういった事件は起きつづけると予想されるため、ジャパン・スネークセンター（以下、当センター）では、こういった無許可飼育による押収個体や脱走個体の保護、特定動物の飼育モラルに関する啓発活動を精力的に行っています。残念なお話ではありますが、当センターで飼育しているアミメニシキヘビたちも、こういった由来の個体がほとんどです。アミメニシキヘビを扱う人は、ヘビを飼育することへのイメージを悪化させないよう、よりいっそうの適切な飼養・管理を徹底し、アミメニシキヘビが「人を殺める能力を有した動物である」という事実を認識し直す必要があるでしょう。

残念ながらこの個体も警察の押収品です

この個体はアミメニシキヘビの象徴である網目模様が消失し色彩変異していますが、白いヘビ（白変種）は人気が高く、数百万円の価値があるものも存在します。

アミメニシキヘビ以外にも、ニュースになったヘビたちを保護しています

昔からペットの毒蛇に咬まれる事故は起きており、違法に飼育されていたものでは、1991年と2005年のヒメガラガラヘビ咬傷、2001年のタイアマガサヘビ咬傷（呼吸麻痺）などが起きています。2008年には東京の原宿でトウブグリーンマンバ咬傷が起き、51匹の毒蛇が違法に飼育されていることが発覚しました。これを俗に『原宿毒蛇事件』と呼んでいます。以前は「もうかれば何でも売る」というペットショップが一定数存在していました。その年は芋づる式に、埼玉県や北海道からもブラックマンバやドクフキコブラ数種をふくめた80匹以上の爬虫類（おもに毒蛇）が押収され、当センターにやってきています。2012年には神奈川県でセイブグリーンマンバに咬まれる事故もあり、警察とともに家宅捜査に入り、ブラックマンバや珍しいマンサンハブなど24匹の毒蛇を押収しました。その後、大阪府警からガボンアダーやパフアダーなど危険な毒蛇も押収されて当センターに来ています。

ジャパン・スネークセンター
〒379-2301　群馬県太田市藪塚町3318　TEL：0277-78-5193
文・写真：高木優／文（ニュースになったヘビたちの保護）：堺淳

インドクジャク

きれいな羽でアピール
益鳥《えきちょう》でも害鳥《がいちょう》でもある鳥

インドクジャク（*Pavo cristatus*）は、鳥綱キジ目キジ科クジャク属に分類される鳥類です。

インドクジャクは、インド、スリランカ、パキスタン、ネパール、バングラデシュを中心に生息しています。日本では沖縄県内で観賞用に飼育されていた個体が逃れ出て野生化したと考えられており、沖縄県の宮古島、伊良《いら》部島《ぶじま》、石垣島、小浜島、黒島、新《あら》城島《ぐすくじま》、与那国島の森林・草原・農耕地に定着が確認されています。そのほか沖縄の西表島《いりおもてじま》、鹿児島県の硫黄島《いおうじま》、本州や四国でも目撃情報がありますが、定着は確認されていません。

旭山動物園（以下、当園）個体などを参考にすると全長はオス180～230 cm（飾羽《かざりばね》［上尾筒《じょうびとう》：尾羽の付け根を上からおおっている羽毛］140～160 cmをふくむ）で、メス90～100 cmです。体重はオス4～6 kg、メ

インドでは国鳥・益鳥となっているクジャク

インドクジャク（以下、クジャク）のきれいな羽は、昔から工芸品に使用され、貴重な鳥として扱われていました。またサソリ、コブラといった毒虫や毒蛇を食べることから益鳥としても重宝され、インドの国鳥にもなっています。

クジャクは日本でも昔からなじみのある鳥です。日本に最初にやってきたのは飛鳥時代といわれ、日本書紀には献上品にされた記述が残っています。その後、彫刻や絵画などにもその姿が描かれており、江戸時代にはクジャクを見ながらお茶を飲むことができる『孔《く》雀茶屋《じゃくぢゃや》』などが作られています。

オスとメスの見分け方

秋になると、よく「クジャクのオスがいない……」や「ここはメスばっかり」という来園者の方々の声が聞こえてきます。とくに秋の季節にだけ聞こえてくるので、来園者の方々は、実はオスとメスを飾羽があるかないかだけで見分けているのではないか？ と思っています。

というのも、春〜秋にかけて見られるオスの飾羽は、秋から徐々になくなってしまうのです。そのため「飾羽がある方がオス」と思っていると見分けられなくなってしまうのかもしれません。ですが、首の羽の色に注目して見ると、オスが青色、メスが緑色なので、そこで見分けることができます。

首の色はオス（左）が青色、メス（右）が緑色です。

ス3〜4kgほどです。

食性は雑食性で、木の実、種子、葉や昆虫《こんちゅう》、小型の爬虫類《はちゅうるい》や両生類などを食べます。

繁殖《はんしょく》期は5〜7月で、一度に産む卵の数は3〜8個ほど、卵を温める期間は約28日です。卵から出てきたヒナは、2〜3日は巣の母親の羽などに隠れながら過ごし、その後巣を出て、母親の後ろをくっついて歩き、母親を見てまねておなじエサを食べます。羽の色も徐々におとなとおなじになり、半年もすればおとなより少し体が小さいだけになり、ぱっと見てもどれがヒナかわからなくなります。子どもは1歳半〜2歳くらいまで母親と一緒に過ごし、おとなになると母親から離れて1羽で暮らします。性成熟には約2〜3年かかり、寿命は10〜20年です。

もっとディープに!

害鳥被害から利用へ

インドクジャクの捕食により、黒島のサキシマカナヘビ、宮古島の固有種ミヤコカナヘビなどの爬虫類、小浜島や新城島のトカゲ類・チョウ類の個体数が減少している可能性が指摘されています。家庭菜園などの農作物被害やウシの飼料の被害も起きています。

そんなクジャクも害鳥として駆除して終わりにするのではなく、いろいろな方法で利用されています。最近は肉料理や、肉・骨からダシをとりラーメンにするなどに利用されはじめました。オスの飾羽は昔から工芸品などに使われていますが、最近だと猫じゃらしとしてペットショップで売られていたりします。ただし、このような利用は人々の需要を生み、それに伴って供給が必要になる可能性もあるため、慎重に議論すべき問題もあります。

旭山動物園

〒078-8205
北海道旭川市
東旭川町倉沼
TEL：0166-36-1104

文・写真：中瀬泰広

のびてくる飾羽

のびている途中の飾羽。

当園のクジャクは寒さが苦手なため、11～翌年4月までの冬期には、来園者の方々には非公開の温かい室内で飼育しています。実は、この時期のオスはどんどん変化していきます。9月ごろには飾羽はすべてなくなってしまいますが、そこから新しい羽がのびていき、2～3月にはまた飾羽が完成します。来園者の方々には直接お見せできないので残念ですが、飼育員だけのちょっとした楽しみです。

けっこう大変！　ディスプレイ

クジャクの繁殖《はんしょく》期の5～7月には、オスがメスにきれいな飾羽でアピール（ディスプレイ）するのですが、これはみなさんが思っているより大変な行動です。ただ羽を広げるのではなく、実は「飾羽を立てて、広げて、ふるわせて」アピールするのが、クジャクのディスプレイです。当園のクジャクのオスを観察していると、メスにむかって頑張っているものもいれば、なぜか壁にむかってディスプレイをしている個体も……。繁殖期の7月が終われば徐々に飾羽は自然に抜けていきますが、飾羽がある間は8月でもオスはディスプレイをし、メスも産卵します。

園での取り組み

親とヒナ。

クジャクが普段過ごしている屋根つきのケージは高さ5ｍあり、飛び上がったり、飛翔《ひしょう》したり、高いところ（止まり木）で休んだりと、迫力あるクジャクのありのままの姿を見ていただくことをコンセプトにしています。

また、クジャクが巣で卵を温めてふ化させる（自然繁殖）行動を継続的に行うため、繁殖・飼育技術の研究も行っています。卵を温める巣の場所や、その後ヒナを育てていく様子、ヒナを育てている時期の親とほかの個体との関係などを注意深く観察しているところです。

コウノトリ

保護の取り組みが進められている特別天然記念物の鳥

コウノトリ（*Ciconia boyciana*）は、鳥綱コウノトリ目の、コウノトリ科コウノトリ属に分類される鳥類です。

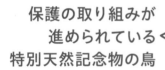

コウノトリは日本・朝鮮半島・中国・ロシア極東といった、おもに東アジアの河川や池沼、湿地帯に生息しています。大きさは全長110cm程度で、翼《つばさ》は広げるとおよそ2mになり、体重は5kgほどあります。ほとんどの羽は白く、翼の風切羽《かざきりばね》や大雨覆《おおあまおおい》と呼ばれる部分などは黒くなっています。嘴《くちばし》は黒く、基部は赤く、足はオレンジ色です。雌雄ともに同色で、オスよりメスの方が少し小さいことが多いですが、個体差もあり、見た目の大きさからの判別は困難です。日本の動物園で飼育されている個体は、雌雄を判別するために全羽でDNA検査を行っています。

　また、コウノトリは鳴管《めいかん》が発達しておらず、おとなになると鳴けなくなるため、その代わりに嘴を

豊橋総合動植物公園のんほいパークの方が教えてくれた　マニアックなお話

一夫一妻！？　絆《きずな》が強いコウノトリ夫婦

コウノトリは一夫一妻で、一生おなじペアで行動し、巣作りや子育てもペアの雌雄が協力して行うとされます。一般的な鳥類ではメスがオスを選ぶことが多いですが、コウノトリのような強い絆をもつ種では、両性ともに慎重に相手を選ぶと考えられています。実際に飼育下のコウノトリがペアを形成するのは難しく、日本の動物園では多くの個体がいるいくつかの施設で複数羽を同居させた『集団見合い方式』の中で成立したペアを、他園へ移動させる方法が多くとられています。

目隠しに隠れてひと休み。

豊橋総合動植物公園の仲良しペア

豊橋総合動植物公園のんほいパーク（以下、当園）の２羽は、兵庫県のコウノトリの郷公園でペアを組ませた後、2021年に車で当園に運びました。輸送に使用した輸送箱は、コウノトリが暴れないようにわざと小さめにしたり、天井に麻袋を張って飛び上がってもケガをしないようにしたりと、職員が工夫して準備しました。コウノトリは神経質なので慎重に運びました。

もともと一緒にいたペアですが、当園にやってきた直後は、環境が変わってエサを食べなくなることを心配していました。そのため、いったんペアを１羽ずつに分け、ビデオカメラを設置して行動や採餌《さいじ》をチェックしました。

チェックが終わった約１カ月後、トラブルに対応できるように複数の飼育員で見守りながら、ようやくペアの同居を再開しました。トラブルは起こることなく、２羽は現在も巣台の上で寄り添うように過ごすことが多く、仲のよさを見ることができます。

カタカタと叩き合わせて音を出し、求愛などのコミュニケーションを行います（クラッタリング）。

寿命は飼育下ではおよそ35年くらい生きますが、野生下でどれくらい生きているかはよくわかっていません。肉食で、おもに魚・カエル・ヘビ・昆虫《こんちゅう》などを食べます。

コウノトリは3歳ごろから繁殖《はんしょく》をはじめます。日本では、春の3〜4月になると高所に直径150㎝にもなる巨大な巣を作ります。その中に3〜5個の卵を産み、31〜35日間卵を温めます。育雛《いくすう》期間は63〜74日で、ヒナは未発達な状態でふ化し、巣内で育つ晩成性です。

知っておきたい

コウノトリは、特別天然記念物、絶滅危惧種（IUCNレッドリストではEN［危機］、環境省レッドリストでは絶滅危惧ⅠA類）に指定されており、ワシントン条約では附属書Ⅰに記載されている、とくに希少な鳥です。

コウノトリは、かつて日本全国で見られました。明治時代の乱獲で激減し禁猟の対象となったことなどで大正～昭和時代に一時的に増加しましたが、巣を作れる松の伐採や農薬の使用によるエサの減少などにより再び数が減り、国によって保護を行ったものの、1971年に兵庫県豊岡市で死亡した個体を最後に、国内の野生個体は絶滅しました。

そのため1985年にロシアから豊岡市のコウノトリ飼育場（後に保護増殖センター）へ、中国から多摩動物公園へコウノトリを導入し、繁殖に取り組むことになりました。導入から３年後に多摩動物公園で初の繁殖に成功し、その後にコウノトリの郷公園でも成功して、以降、国内での繁殖が進みました。

また、コウノトリをかつての生息地の自然豊かな人里に戻そうとする『コウノトリ野生復帰推進計画』の取り組みも進められています。この計画は2005年、豊岡市で繁殖個体が放鳥されてはじまりました。その２年後、放鳥されたコウノトリが同市の人工巣塔で初の繁殖を行い、2012年には兵庫県以外でも繁殖が確認されました。2017年には野外のコウノトリが100羽を超え、全都道府県で飛来が確認されました。その後も野外生息数は増え、2020年に200羽、2022年に300羽を超えています。

2013年に設立された全国組織『コウノトリの個体群管理に関する機関・施設間パネル（IPPM-OWS）』でも、全国レベルで野生のコウノトリと飼育下のコウノトリを互いに連携させて保全を進めようとしています。IPPM-OWSでは生息域外・域内保全、人材育成、普及啓発の活動が行われています。生息域外保全活動でとくに重要なのが血統管理で、全国の動物園が協力して繁殖を進め、遺伝子の多様性を維持しています。以前は各施設で成長した個体を交換していましたが、最近は有精卵をほかの施設に移動させることが増えています。

繁殖に向けて、気をつかいます

コウノトリの繁殖に向けて、当園では繁殖期の２月に巣材を入れています。最初は60～100cmくらいの親指から小指ほどの太さの枝を入れ、それでコウノトリが『外巣』を作った後、『産座（内巣）』のための藁《わら》や枯草を入れます。飼育員は必要に応じてビデオで産卵・抱卵《ほうらん》を観察します。

コウノトリは国内で血統管理が進められ、当園のペアは繁殖優先度が低いため、偽物の卵と交換し、繁殖を制限することがあります。しかし、他園の優先度が高いペアの有精卵を、当園のペアに温めてもらうこともあります（実施中）。また、神経質なコウノトリが落ち着けるよう、一部に遮光ネットやよしずを張って来園者から身を隠せるエリアも設けています。

豊橋総合動植物公園
のんほいパーク

〒441-3147
愛知県豊橋市
大岩町字大穴1-238
TEL：0532-41-2185

文・写真：豊橋総合動植物公園のんほいパーク

繁殖期以外でも
２羽で仲良く過ごします。

シマフクロウ

巣立ちが近くなり、
子どもが外を
うかがっています

北海道にすむ世界最大級のフクロウ

シマフクロウ（*Bubo blakistoni*）は鳥綱フクロウ目に分類される鳥類です。以前は*Ketupa blakistoni*とされていましたが、分類が変わり、*Bubo*属（ワシミミズク属）にふくまれるようになりました。

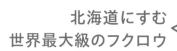

シマフクロウは北海道（おもに東部）と千島列島南部の島々にだけ生息する世界最大級のフクロウです。漢字では『島梟』と書き、『シマ』は縞模様《しまもよう》ではなく、北海道の昔の呼び名の『蝦夷ヶ島《えぞがしま》』に由来します。頭の上の耳のように見える羽を羽角《うかく》といい、羽角があるフクロウは『ミミズク』と呼ばれます。シマフクロウにも羽角があるため、江戸時代までは『オオミミズク』とも呼ばれていましたが、明治時代以降に『シマフクロウ』で名前が統一されました。

釧路市動物園（以下、当園）の個体では、大きさは全長約70cm、翼開長約180cm、体重はオスで約3.5kg、メスで約4.5kgになります。また、シマフクロウは1回の飛翔《ひしょう》で数kmしか飛べないようです。国後《くなしり》

釧路市動物園の方が教えてくれた マニアックなお話

鳴き声が命！　求愛行動

左側がオス、右側がメスです。オスが鳴いて(上)、応えてメスが鳴いています(下)。

シマフクロウの求愛行動は、おもにお互いに鳴き交わすこと、オスがメスにエサをプレゼントすること（求愛給餌《きゅうじ》）、お互いに寄り添うことの３つです。鳴き交わしがいちばん重要で、オスが「ボーボー」と鳴き、メスが「ウー」と応えます。うまく鳴けないオスはメスから相手にされず、強いオスが鳴くと弱いオスは鳴けなくなります。メスは強いオスの声にのみ反応します。シマフクロウのオスの価値は鳴き声で決まるのです。

当園では、複数のペアを飼育するとき、別のペアの姿や声がなるべく届かないように場所を離しています。

狩りは下手なシマフクロウ

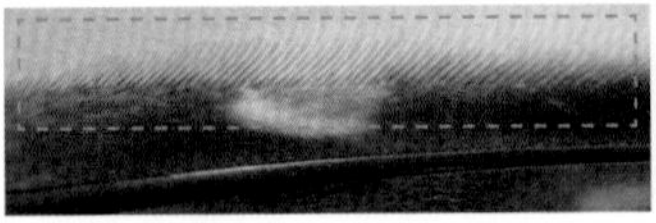

エゾフクロウの羽(左)とシマフクロウの羽(右)。エゾフクロウの羽にはセレーションがあります。

フクロウの仲間には、風切羽《かざきりばね》の最も外側の縁《ふち》に『セレーション』という突起があります。これにより飛行時に空気の流れが整い、乱流が起こらなくなり、静かに飛ぶことができます。また、表面には細かな毛状の羽毛があり、消音に役立つと考えられています。しかし、たとえばエゾフクロウではどちらもよく発達していますが、シマフクロウにはこのどちらもほぼありません。そのため、フクロウの仲間は音もなく飛んで獲物を捕まえますが、シマフクロウは飛ぶと音がします。水中の魚をおもな食料とするシマフクロウは、羽音をたててもきづかれず、消音装置が発達しなかったと考えられています。

それもあってか、シマフクロウは狩りが下手です。水辺にたたずみ、目的に狙いを定めるまでに長い時間を要し、飛び込んでもなかなか捕まえることができません。そんなシマフクロウが生きていくためには、魚が豊かな小川が必要となります。

島《とう》で2019年に確認された北海道の個体は、冬に流氷を利用して海を渡ったと考えられています。

魚類を主食とし、カエル、甲殻《こうかく》類《るい》、ネズミ、鳥類なども捕食します。河川や湖沼《こしょう》周辺の森林（落葉広葉樹林、針広混交林）に生息し、広葉樹大木の樹洞《じゅどう》に営巣し、なわばりをつくります。

ペアは年間を通してなわばりで過ごし、冬には鳴き交わしが頻繁《ひんぱん》に行われ、交尾します。当園では2月下旬～4月上旬にかけて1～2個産卵し、メスのみが約35日間抱卵《ほうらん》した後にふ化し、両親が協力して子どもを育てます。ふ化後、約60日でヒナは巣から出てきますが、飛ぶことはできず、巣の近くの枝にとまって枝づたいに移動します。しばらくすると飛べるようになりますが、エサは親からもらいます。

シマフクロウの保全

シマフクロウは1971年に国の天然記念物に指定され、1993年に『絶滅のおそれのある野生動植物の種の保存に関する法律』の施行に伴い国内希少野生動植物種に指定されました。環境省は北海道の東部地域に約165羽のみ生息していると発表しています。ユーラシア大陸のウスリー地方には、別亜種が約1000羽生息しています。シマフクロウ全体がIUCNのレッドリストではEN（危機）、環境省のものでは国内個体が絶滅危惧IA類に分類され、いずれも絶滅危惧種となっています。

環境省を中心に、生息調査、生息地保全、巣箱の設置、給餌などの事業が行われています。野生のシマフクロウは保全活動をしないと絶滅する可能性がきわめて高いのです。

秋になるころ、ヒナは自らエサをとるようになり、親のなわばり近くで成長し、1〜2年で親元から離れていきます。親は次の繁殖《はんしょく》に臨み、1年が繰り返されます。

上がふ化1日目、下が21日目のヒナ（人工育雛《いくすう》）。

もっとディープに!

動物園とシマフクロウ

シマフクロウは、日本で最初の動物園である東京都上野動物園に、開園前の1875年に寄贈された記録があり、1912年までに9羽の飼育記録が残っています。いったん飼育の記録は途絶え、1954年から数園で飼育が再開されましたが、単羽飼育や雌雄不明のため残念ながら繁殖には至りませんでした。野生のシマフクロウは減りつづけ、昭和50年代の調査では生息数は70羽程度と推測されました。当園では雌雄判別を行いペア形成に成功し、1982年にはじめて産卵に成功しましたが、ふ化には至りませんでした。

公益社団法人日本動物園水族館協会（当時）は、飼育下個体群の維持のため1988年に第1回種保存委員会を開催し、シマフクロウを血統登録して管理することにしました。1993年にはオス4羽、メス2羽を飼育する当園に、上野動物園からメス1羽と鹿児島市平川動物公園のオス1羽を移動し、積極的な飼育下繁殖を開始しました。

1994年にはじめてふ化に成功したヒナは、巣立ち前に死亡してしまいました。1995年、おなじペアから生まれた1羽がはじめて巣立ちに成功し、その後繁殖個体の1羽を環境省へ移管し、リハビリテーションを実施後、1999年に放鳥しました。残念ながらこの個体は行方不明になりましたが、動物園生まれの個体がはじめて野生に放たれた、価値あるできごととなりました。

その後は、旭川市旭山動物園と札幌市円山動物園でも繁殖が成功し、域外保全（生息地内で行う保全活動を域内保全といい、生息地以外で行うものを域外保全といいます）を担う飼育下個体群の充実が進んでいます。

釧路市動物園

〒085-0204
北海道釧路市阿寒町
下仁々志別11
TEL：0154-56-2121

文：藤本智
写真：釧路市動物園

No. 46

アジアにすむなかま ▼

タンチョウ

赤い頭が特徴的 国の特別天然記念物

タンチョウ（*Grus japonensis*）は、鳥綱ツル目ツル科ツル属に分類される、日本でみられる最も大きい鳥類の１種で、日本で繁殖している唯一のツルです。

タンチョウは、日本では北海道の道東を中心に約１８５０羽が生息しています（２０２３年時点）。日本の個体群は、春〜秋の繁殖《はんしょく》期は道内に分散してペアでなわばりをつくり、営巣や子育てをし、冬は道内の冬期給餌場《きゅうじじょう》へ集まって越冬します。ロシアで繁殖期を過ごし、中国沿岸部や朝鮮半島で越冬する大陸個体群もいます。

タンチョウは全長約140cm、翼《つばさ》を広げた長さが約240cmになる大きな鳥です。漢字では『丹頂』、つまり頭の『頂』きが『丹《に》』色（赤土の色）という意味です。英語名は『Red-crowned Crane（赤い冠を頂くツル）』。頭の赤いところは羽毛ではなく皮膚《ひふ》で、血管が透けて赤く見えています。尾羽は黒色だと思われがちですが、これは翼を閉

釧路市動物園の方が教えてくれた マニアックなお話

なわばり意識が強いタンチョウ

タンチョウはとてもなわばり意識が強い鳥です。とくに繁殖期は、ペアでつくったなわばりに別の個体が侵入すると激しくケンカします。

『つるはし』という道具を知っていますか？ つるはしは『ツルの嘴《くちばし》（嘴は「はし」とも読みます）』という意味です。タンチョウの必殺技は「相手の頭の赤いところを、嘴で思いっきりつつく」こと。攻撃力が高く、ひどいと嘴が頭の骨を貫通して脳に達し、負けた個体は死んでしまいます。近年はタンチョウの生息数が増えて生息地内が過密となり、タンチョウどうしのケンカで負傷して保護・収容されるケースも増えています（約4%が負傷による）。安全のため、動物園では1つのケージに1羽か、ペア（2羽）、ヒナをふくむ家族（3～4羽）でしか飼育できません。

タンチョウの交通事故を減らしたい！

近年急増しているのが、タンチョウの交通事故。交通事故にあったタンチョウは、命が助かっても、背骨を骨折して神経が傷つき、立ったり歩いたりできなくなります。獣医師《じゅういし》がハンモックに座らせて療養やリハビリを続けていますが、歩けるようになることはほとんどありません。

そのため、釧路市動物園（以下、当園）では交通事故を減らすための普及啓発にも取り組んでいます。人の近くで生活するタンチョウたちの生活圏には必ず道路があり、タンチョウは日常的に道路を横断しています。「鳥だから、車が近づいたらパッと飛んで逃げるだろう」と思っていませんか？ タンチョウは飛ぼうともしません。日常的にもちょっとした距離なら飛ぶより歩いて移動し、なんなら車が走っている道路へ平気で入ってきます。道路やその付近にタンチョウをみつけたら、徐行してくださいね。1羽でも、事故にあうタンチョウが減りますように。

交通事故で半身不随《ふずい》となり、ハンモックで療養中。

道路を渡ろうとするタンチョウ。トラックが止まってくれたので、無事に道路を渡ることができました。

じた状態だと、翼の黒い羽がちょうどお尻をおおう形になるためで、実際の尾羽は白色です。

体重は季節で変動し、オスで7～10kg、メスで6～8kg、夏が最も軽く、越冬前の年末に最も重くなります。メスの方が若干小さめですが、雌雄同色のため外見で性別は判断できません。ペアの鳴き交わしで先に「クオー」と鳴くのがオス、それに「カッカッ」と返すのがメスです。

胸の中心にある骨（胸骨竜骨突《きょうこつりゅうこっとつ》起《き》）の中をグルグル走る長い気管がラッパの役割を果たし、数km先まで届く大きな声で鳴くことができます。この気管の走行はヒナにはなく、成長に伴って気管が少しずつ胸骨の中へ入り込んで、およそ1歳になるころに完成します。

雑食で、昆虫《こんちゅう》や甲殻類《こうかくるい》、両生類、

魚類・貝類、植物や穀物・果実・木の実などを食べます。飼育下での平均寿命は約30年、最長寿命は46歳6カ月です。

もっと

ディープに!

一度は絶滅したと思われていた日本のタンチョウ

タンチョウは全国の動物園などで飼育されていますが、北海道にルーツをもつ日本のタンチョウは、当園と道内公立動物園などの限られた施設でしか飼育されていません。

日本のタンチョウは一度絶滅したと思われていましたが、1924年に釧路湿原で10数羽が再確認され、1935年に地元有志の給餌がはじまりました。保護活動で生息数は回復し、生息地域も道東～道北・道央へ広がりつつあります。タンチョウたちは湿原を出て人の近くで生活をしていますが、そこには電線や道路、ネットやフェンス、スラリー(牛の糞尿《ふんにょう》貯め)など、多くの脅威があり、事故の増加や農業被害も目立ちます。数が増えたからといって、保護活動は終わりではありません。

釧路市動物園での保護活動

タンチョウの生息地である釧路湿原の西端に位置する当園は、1975年の開園からタンチョウの保護活動を続けており、ケガをして保護された野生個体を治療したり、大規模な飼育下繁殖群を維持したりしています。飼育下繁殖群は、生まれたヒナを野生復帰させるだけでなく、野生の個体群に不測の事態（感染症の流行など）が生じたときのバックアップとしての機能ももっています。

ケガをしたヒナが治療を受け、両親へ返された瞬間。鳴き声を聞いた親は慌てて駆け寄りました。

また、死体も搬入され、病理解剖で死因や事故原因を調査し、体の大きさなども記録して貴重なサンプルとして保存しています（環境省タンチョウ保護増殖事業）。得られた成果は園内外での普及啓発や、大学などと連携した調査・研究につなげ、保護活動へフィードバックしています。

義足のタンチョウを公開飼育

当園では、事故で片足を失ったタンチョウたちが義足をつけて暮らしています。この義足は、獣医師の手作りです。彼らが足を失った理由は、牛にけられて骨折したり、鹿よけのネットやフェンスに絡まったりと、最近の野生のタンチョウの生活に密接しています。懸命《けんめい》に生きる姿を来園者のみなさんに見ていただき、タンチョウの保護活動と人との共生に関心をもっていただければと思います。現在、義足のタンチョウたちには飼育下繁殖群に血統として参加してもらうべく、人工採精にも取り組んでいます。

義足のタンチョウ『モモ』。

啓発のために園内に設置した道路標識。

釧路市動物園

〒085-0204
北海道釧路市阿寒町
下仁々志別11
TEL: 0154-56-2121

文：飯間裕子
写真：飯間裕子、環境省釧路自然環境事務所

動物園で働くには
～これからの動物園にはどんな人材が求められるのか？～

飼育員として働くこと

現在、動物園の社会的役割は、動物の展示やレクリエーションに限らず、普及・啓発、調査・研究、保全など多岐にわたります。そのため世界の先進的な動物園には、生物系だけでなくさまざまな分野の専門家が所属しています。

一般的に日本の組織は、欧米とちがい、何かしらの専門に特化した『スペシャリスト』ではなく、幅広い仕事をこなせる『ゼネラリスト』を養成する構造となっていて、それは動物園であっても同様です。

日本の動物園の職員の採用は、おもに動物の専門学校や、大学・大学院で生物学などを専攻した人を対象とした『飼育員』や『動物専門員』となります。そして飼育を軸としながらも、たとえば教育プログラムの作成、動物舎の改築や新施設の設計、大学などとの共同研究、外部との調整、それに付随《ふずい》する事務作業、広報、資金調達など、幅広い仕事をこなしつつ、ときには部署異動を繰り返しながら管理職へと出世していくのが一般的な流れです。これは幅広い職務を経験し、広い視野をもって成長できるというメリットもありますが、どうしても知識や経験も広く浅くなりがちとなり、専門性に欠けるというデメリットもあります。

では、そのような状況の中で、どのように飼育技術者としての専門性を高めていけばよいのでしょうか。日本では、大学院卒の博士であっても最初は飼育員として働きますので、とにかくこの間に『飼育』にどっぷりと浸かり、動物との適切な関係性を構築し、飼育技術を醸成《じょうせい》することが必要だと考えます。

犬と猫
犬や猫といった愛玩動物との暮らしからも、学ぶ点は多いです。とくに犬のトレーニング経験は、多くの野生動物管理にも有効です。

オオタカ
人工授精のために人に刷り込みされたオオタカのメス。人を繁殖《はんしょく》相手と認識しています。猛禽類の自然繁殖は、ペアの相性の不一致やケンカなど、リスクが多いことから、とくに希少種においては人工繁殖の技術も重要となります。

チビトガリネズミ
世界最小の哺乳類《ほにゅうるい》で体重は２ｇ。トガリネズミ類は、北海道においては最も身近な哺乳類ですが、その生態はほとんどわかっていません。野生動物の生態解明には、フィールドと飼育下の両方で研究を進めることが有効です。

最初に飼育にハマれるかどうか

そこで重要となってくるのが、『飼育にハマれるかどうか』です。意外にも『動物好き』＝『飼育好き』という構図は成り立ちません。動物が好きで動物園に就職したのに、なかなか飼育にハマれずに悩んでいる人は多くいます。日々の飼育業務に情熱をもてず、倫理的《りんりてき》な葛藤《かっとう》も重なり、ふと「動物は好きだけど、動物を飼育することは好きではなかった」と気がつくのです。

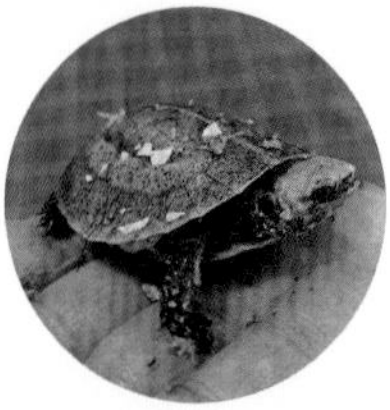

ラオスモエギハコガメ
アジアに生息するカメ類の多くは、人為的な影響により絶滅の危機に瀕しています。動物園の重要な役割として、飼育下での知見の集積と繁殖技術の確立があります。

飼育技術者としてのプロ意識と社会貢献

しかし、貴重な動物と毎日接することができるのは、飼育員だけです。動物の研究者だって、そのような状況に身を置くことはできません。それ自体がすごいことなのですから、好奇心・探究心を保ち、飼育技術者視点からの『動物観』、『教育観』、『保全観』、『研究観』を育んでいくことが何よりも大切だと考えます。それこそが『動物園人』固有の『専門性』となり、飼育下でしか得ることのできない貴重な知見の集積を可能とします。そしてそれらを動物の生息地に還元することで、野生動物の保全に対し『動物園人』の立場から貢献できるのです。

飼育展示デザインと植物
動物は本来生息地で植物とともにあります。つまり、植物が生育できない環境は動物にとっても適切ではないといえます。動物園は動物種それぞれの『生息環境』の現状を、『展示』を通して伝える場であることから、動物だけではなく植物の存在も重要です。

授業中の筆者
飼育技術者の立場から、野生生物の保全に貢献するとともに、この分野における人材の育成に力を注いでいます。

本田直也

本田ハビタットデザイン株式会社代表。野生生物生息域外保全センター代表理事。円山動物園客員研究員、修士（デザイン学）。札幌市立大学、酪農学園大学、北海道エコ自然動物専門学校の非常勤講師も務める。円山動物園に26年勤務した後に独立。日本の動物園の飼育環境・展示デザインの向上と、飼育技術者の立場からの野生生物の保全に貢献するとともに、この分野における人材の育成に力を注ぐ。

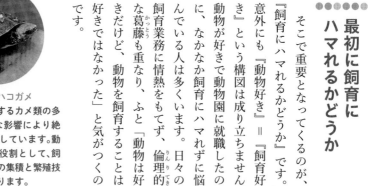

第 5 章

オーストラリアにすむなかま

No. 47

オーストラリアにすむなかま ▼

ウォンバット

お腹の袋で子育てする、ころころ体形のコアラに近い哺乳類《ほにゅうるい》

ウォンバット（*Vombatus ursinus*）は、哺乳綱双前歯目ウォンバット科ウォンバット属の有袋類です。有袋類の胎盤は高い機能性を備えていない卵黄嚢《らんおうのう》胎盤であるため、生まれた赤ちゃんを袋で育てます。

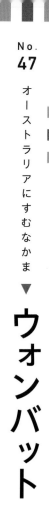

ウォンバットは、オーストラリア南東部およびタスマニア島の丘陵《きゅうりょう》地《ち》に生息しています。ウォンバットの仲間にはウォンバットのほかにキタケバナウォンバット、ミナミケバナウォンバットの2種類がいます。ウォンバットは別名『コモンウォンバット』とも呼ばれ、ウォンバットとして一般的な種類です。

　ウォンバットは体長95～115cm、体重15～35kgで、毛に隠れて見づらいですが2～3cmほどの尾をもっています。体毛はかたくて粗《あら》く、耳は短くて丸いです。鼻は大きく、むき出しになっています。体は太くて頑丈《がんじょう》で、頭は幅広いです。前《ぜん》肢《し》と後肢《こうし》とがほぼおなじ長さでずんぐりむっくりな体形をしていますが、走ると速く、そのスピード

五月山動物園の方が教えてくれた マニアックなお話

小さな赤ちゃんを守る育児嚢《いくじのう》

ほかの有袋類《ゆうたいるい》と同様、胎盤《たいばん》をもたないウォンバットは体内で赤ちゃんを成熟させることができません。そのため、体長5mmで体重は0.5gと小さく、毛もなく、目も見えない状態のきわめて未熟児の赤ちゃんを産み、それを母親が『育児嚢』と呼ばれるお腹の袋に入れて育てます。

そして、ウォンバットの育児嚢は後ろ向きになっています。これは、穴掘りのときに赤ちゃんが入っている育児嚢に土や砂などが入るのを防ぐためです。赤ちゃんは育児嚢の中で約8カ月を過ごして、体重が3kgほどになると袋から出て、母親からお乳をもらったり、草を食べたりしながら、乳離れしていきます。

育児嚢はお尻側に開いています。

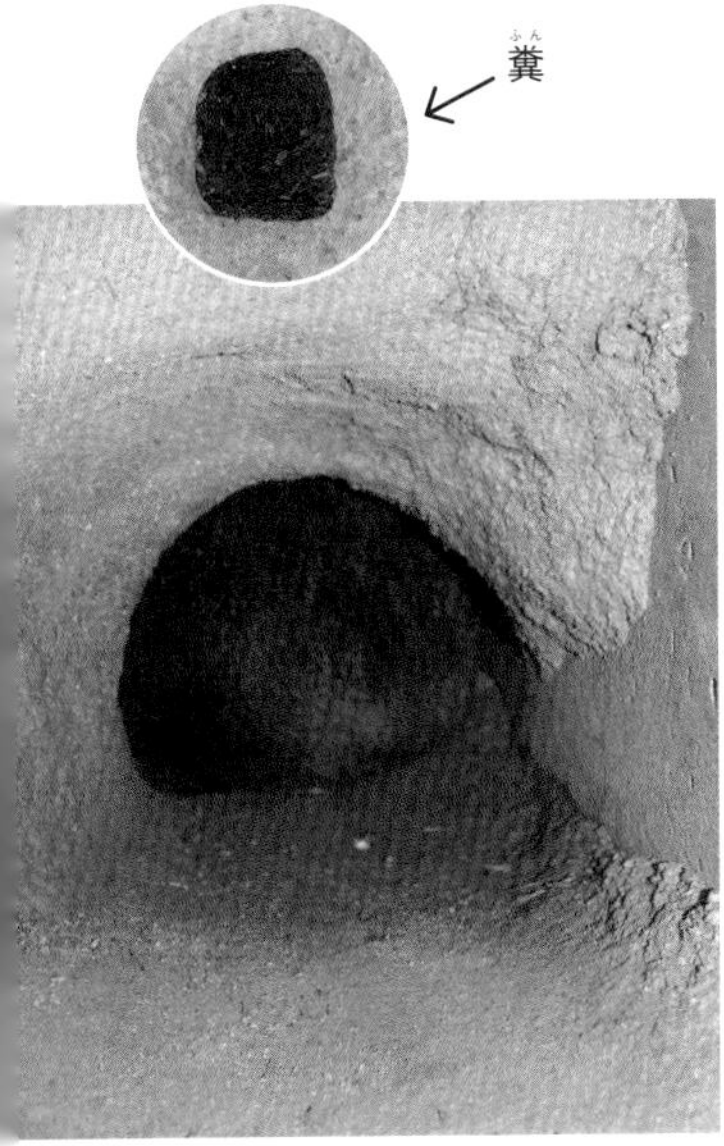

巣穴に入り、
お尻でフタをしている様子。
糞でなわばりを示します。

ウォンバットのお尻のヒミツ

ウォンバットの特徴といえば、頑丈なお尻です。お尻のほとんどがとてもかたい組織でできていて、外敵のディンゴやタスマニアデビルなどに襲われたときは巣穴に頭を突っ込んで、お尻で入り口を塞いで入れないようにします。それでも入ろうとしてきた場合は、巣穴の天井にお尻を突き上げて振り下ろし、侵入者の頭をプレスして撃退します。五月山動物園（以下、当園）でも観察できるので、ぜひじっくり見てみてください。

また、そのお尻から出る糞はカクカクと立方体の形をしています。これは、丘陵地にすむウォンバットたちがなわばりを示すのに、糞が転がっていかないようにするためといわれています。

は時速40㎞ほどといわれています。視力はあまりよくありませんが、優れた嗅覚《きゅうかく》をもっています。体色は灰色を帯びた黄土色から黒色までさまざまです。

夜行性の動物で、傾斜地に穴を掘り、日中はそこで過ごしています。穴は地中深くに『部屋』と呼べるような空間がつくられ、エサのある場所までつながるトンネルを開通させることもあり、ウォンバット1頭で1日あたり1mほど掘り進むことができるといわれています。

普段は単独で行動していますが、繁殖《はんしょく》のときはつがいで過ごします。交尾はオスがメスを長時間追いかけ回し、捕まえて行います。妊娠《にんしん》期間は約1カ月で、1回の出産で1子を産みます。

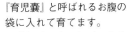

きれいな歯を保つために、日々考えています

ウォンバットはとても鋭い歯をもっています。上と下に２本ずつ計４本の前歯（門歯《もんし》）があり、前歯から少し離れた奥に20本の広くて平らな奥歯（臼《きゅう》歯《し》）があり、全部で24本の歯をもちます。この歯はすべて生涯のびつづけるといわれているため、普段からかたいものをかじって削る必要があります。

野生下ではイネ科の草、樹皮、木の根、キノコなどを食べていますが、当園ではイネ科の青草、乾草のほかにサツマイモ、ニンジン、リンゴ、カボチャなどの野菜や果物、草食動物用のペレットやアーモンドなども与えています。当園で飼育されているウォンバットは年齢もバラバラで、サツマイモの皮が嫌いでその部分だけ残すなどこだわりの強い個体もいるため、歯の摩耗《まもう》にいいのはどんなものか？ 食べるのに負担にならない切り方はどうか？ と、ウォンバットが食べている様子や前日のエサの残しを見ながら、飼育員たちは日々調理のしかたを考えています。

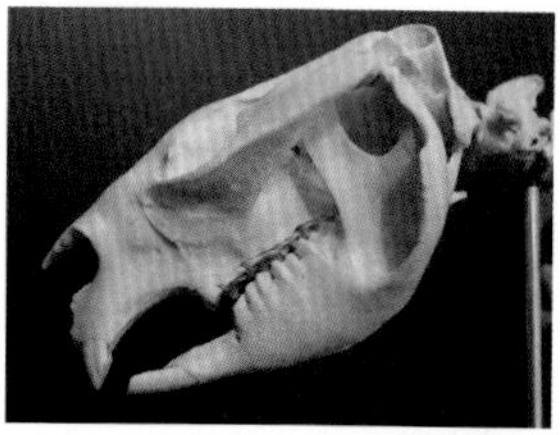

ウォンバットの頭骨。
歯は生涯のびつづけます。

左から『ワイン（♂）』、『フク（♂）』、『ユキ（♀）』、『コウ（♂）』のエサ。
飼育員がそれぞれ、野菜の切り方を変えています。

ギネスに認定！　愛されウォンバットの『ワイン』

野生のウォンバットは畑を荒らすことで駆除されたり、交通事故にあったり、外敵に捕食されたりして生息数が減少しており、現在は保護動物として駆除を制限したり、生息地を守る活動がはじまっています。事故などで傷ついたウォンバットを救護し、自然に帰す取り組みも行われています。

現在、当園で飼育されているオスのウォンバット『ワイン』も、母親が交通事故にあい、袋の中にいたところを保護された１頭です。『ワイン』は池田市とオーストラリアのローンセストン市との姉妹都市提携25周年記念として、1990年５月にメスのウォンバット『ワンダー』、『ティア』とともに来園しました。『ワンダー』とは夫婦になり、1992年１月15日には国内初の繁殖に成功しました。

2022年１月、『ワイン』は33歳の誕生日を迎え、『史上最高齢の飼育されたウォンバット』、『存命中の最高齢の飼育されたウォンバット』として、２つのギネス世界記録™に認定されました。ウォンバットの飼育下での平均寿命が20年といわれているので、人の年齢に換算すると100歳を超えていることになります。来園当初から人なつっこく、いまも変わらず愛くるしい姿をしており、当園を象徴するウォンバットになっています。

五月山動物園

〒563-0051
大阪府池田市綾羽
2-5-33
TEL：072-753-2813

文：遠藤太貴
写真：遠藤太貴、
五月山動物園

No. 48

オーストラリアにすむなかま ▼

コアラ

きわめて不思議な生態をもつ唯一無二の動物

母親がお腹の袋（育児嚢《いくじのう》）で子どもを育てる有袋類の仲間で、哺乳綱双前歯目コアラ科コアラ属に属します。学名は*Phascolarctos cinereus*で、現生のコアラ科の動物はコアラ１種しかいません。

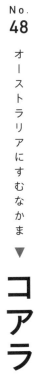

コアラの仲間は約2千万年前に現れ、少なくとも8属16種がいたとされますが、環境変動などで現生の1種を除いて絶滅しました。生息地はオーストラリアの東～東南海岸沿いの森で、非常に限られます。オーストラリアの森の大部分の植生はユーカリの木ですが、中央部は砂漠で、西海岸側も乾燥地帯で、食べものがありません。

体重は5～12kgです。大きさに幅があり、東海岸北側では小さく、南ほど大きくなります。おなじ地域のコアラでは、メスの方がオスより2～3kgくらい小さいです。背中は灰色、お腹は白色の毛でおおわれ、北にいくほど個体の色が薄くなります。こうした南北による形や色で遺伝的に区別できるとされ、『北方系コアラ』と『南方系コアラ』とも

北海道大学の方が教えてくれた

マニアックなお話

ウンチは離乳食になります

赤ちゃんが母親のお腹の袋に入って、半年間はその中で育ちます。大きくなると袋の中から顔を出し、動物園では顔を出した日を『誕生日』とすることもあります。

コアラは普段、消化したユーカリの繊維でカチカチの便をしますが、母親はときどきべたついた便をします。これは『パップ』や『盲腸便』と呼ばれ、未消化のユーカリの葉の繊維とユーカリを分解する腸内細菌をふくむ、盲腸から出る特別な便です。袋から顔を出した子どもは、なんとこのパップを食べることで、ユーカリの葉を分解する腸内細菌を獲得します。

コアラの盲腸はユーカリを分解するために長く進化し、2mもあり、体内で折りたたまれています。一方、コアラに進化的に最も近いウォンバットの場合(食性や生態はp.154〜156参照)、盲腸は1cmくらいしかみられません。

北方系のコアラ。南方系にくらべてひとまわり小さく、毛の色も明るい傾向があります。

火災後の森林再生。
ユーカリの木の胴吹きがみられます。

ユーカリであってもえり好み

コアラは哺乳類《ほにゅうるい》の中でも食べもののえり好みが激しいです。コアラの生息地にあるユーカリ属は約300種もあり、ひと地域でも数十〜百のユーカリがあります。ユーカリの葉が食べ放題にみえますが、その中でコアラが利用できるのはほんの数種しかありません。その理由は、ユーカリには二次代謝物と呼ばれる毒が大量にふくまれており、コアラの体内で分解できる毒は限られるからです。無数の種類がある毒をふくむユーカリを選ぶとコアラは死んでしまうため、嗅覚《きゅうかく》と味覚で慎重に選び、それでも微量にある毒を体内で分解しています。

2018年に発表されたコアラの全遺伝子解析(ゲノムプロジェクト)で、コアラの味覚や解毒酵素は、ユーカリの適切な選択と消化のために遺伝子レベルで進化していることが明らかにされました。

呼ばれます。日本の動物園にいるのはほぼ北方系で、南方系コアラは2023年時点では淡路ファームパーク イングランドの丘にいます。

基本的に単独で暮らし、ユーカリの木の上でユーカリの葉ばかりを食べて過ごします。ほかの個体とは生活圏が被っても普段は出会いませんが、春〜夏の繁殖《はんしょく》期は別です。オスにとって発情したオスは競争相手なので敵対的ですが、発情したメスは交尾をするパートナーで、拒絶されなければ交尾をします。交尾の約1カ月後、1〜2cm程度の小さな赤ちゃんが生まれます。全身の毛がなく未熟ですが、前《ぜん》肢《し》の筋肉だけは発達し、産道からよじ登り母親のお腹の袋に入ります。袋の入り口は母親のお尻側を向き、すんなり入れます。一度に1頭が生まれ、双子はまれです。袋の赤

コアラの危機と保全

現在、コアラは絶滅危惧種（IUCNレッドリストではVU）に指定されています。いますぐ絶滅はしなくとも、何もしないといずれ絶滅するという意味です。これはコアラ全体の指定ですが、地域によって、とくに南方系では遺伝的多様性が低下し、個体数の増加に向けた取り組みが必要です。なお、北方系と南方系の個体の掛け合わせは禁じられています。

コアラがすみやすい森は伐採、森林火災による焼失など、多くの理由でどんどん減っています。適切なユーカリがないと、別のユーカリはあるのに食べずに餓《が》死《し》してしまう事例もあるようです。また、コアラが森から森へ移動するには木から降り、地面を歩かなくてはいけません。道路で分断された森を移動中の交通事故、外来種の犬、猫などによる捕食もあります。

ユーカリは油分に富み、少しの摩擦《まさつ》や落雷で森が燃えやすく、地球温暖化で森林火災が激増しています。木が燃えればコアラは移動するだけですが、森全体が燃えると火傷や渇き、食料不足で死んでしまいます。2019年末〜2020年はじめの大規模森林火災では各地でコアラが被災し、とくにカンガルー島では６万頭中４万頭が被災したとされます。

また、クラミジアという細菌性の感染症も流行し、コアラの不妊・失明の原因になります。また、一部のコアラの遺伝子には『内在性レトロウイルス』という自身の免疫を低下させるウイルスがふくまれ、感染症を加速させています。クラミジアは治療できますが、そのときつかう抗生物質が腸内細菌も殺してしまい、今度は消化ができずに餓死することもあります。

日本では、現在７動物園でコアラが飼育されています。日本でも育つ、コアラの好みに合ったユーカリを栽培し、獣医師《じゅういし》や飼育員が試行錯誤してケアしています。行動観察やホルモンの測定から発情を見極め、繁殖も成功しています。上記の大規模森林火災では、コロナ禍の中オーストラリアの園などと連絡を取り、来園者に現地の様子を伝え、募金も行いました。

日本の動物園では、野生のコアラの理想的な暮らしが再現されています。ぜひ訪ねてコアラやその危機を知り、次世代にこの姿をつなぎましょう。

森林火災後の森。幹は完全に焼け焦げています。新しい胴吹きを求めて頻繁《ひんぱん》に移動するので、コアラは低いところにいます（矢印）。

**北海道大学大学院
地球環境科学研究院
生態遺伝学分野**

文・写真：早川卓志

ちゃんは、中の乳首をくわえて、しばらくはミルクで育ちます。子育てはもっぱら母親だけで行います。

子どもは、大きくなり全身が入らなくなると袋から出ます。ミルクは頭を袋に入れて飲みますが、やがて母親とユーカリの葉を食べるようになります。子どもの体つきがしっかりして木登りも上手になり１年が経つと、母親は新たなオスと交尾し、弟や妹が生まれます。上の子どもを母親は育てなくなり、１歳になった子どもはひとりで生きます。

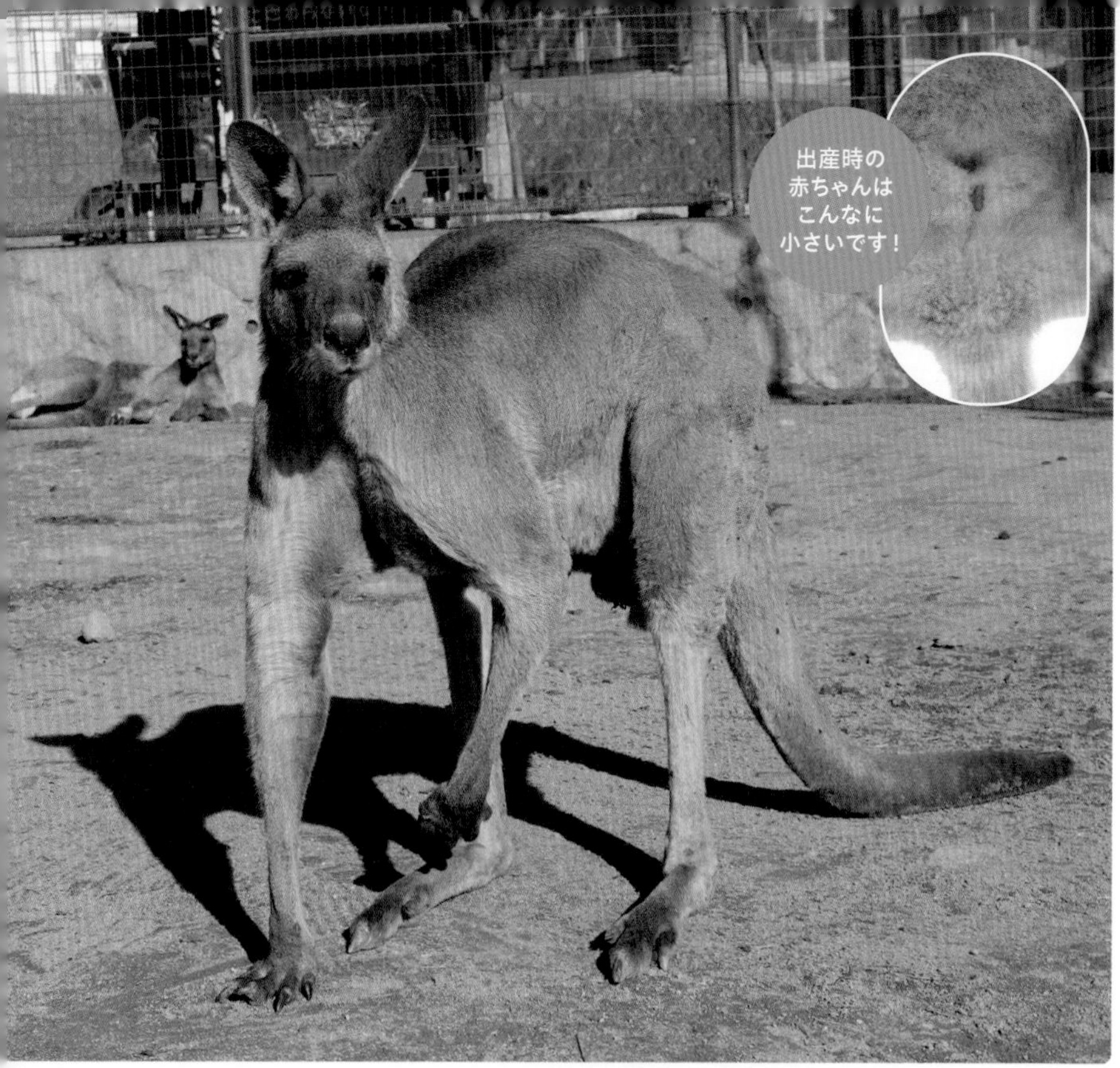

No. 49

オーストラリアにすむなかま ▼

オオカンガルー

お腹の袋で子育てする、ジャンプが巧みな動物

オオカンガルー（*Macropus giganteus*）は、哺乳綱双前歯目カンガルー科カンガルー属の仲間です。

オオカンガルーはカンガルー科の中で2番目に大きな種類で、オーストラリア東部の平原および丘陵《きゅうりょう》の森林や草原に群れで生息しています。日中はほとんど休息し、休息地としてよく茂った低木林を好みます。基本的に2～4頭の群れをつくり、その群れが合わさって最大100頭ほどの大きな群れになることもあります。

体重はオスで約20～66kg、中には80kgほどになる個体もいます。メスは約15～32kgになります。全長1～1.5mで、オスは尾をつかって立ち上がると2mにおよぶ個体もいます。毛は短く羊毛状で、体色は基本灰色、尾の先端は黒色です。オスの方が大型で筋骨隆々《きんこつりゅうりゅう》とし、育《いく》児嚢《じのう》（袋）はメスだけがもちます。飼育下での寿命は10～15年ほどで、

ひびき動物ワールドの方が教えてくれた マニアックなお話

非常に長い妊娠期間

育児嚢に子どもがいるときに交尾で受精した卵は、子宮に着床せずに胚の発生を休止します。育児嚢内の子どもが死亡する、もしくは成長して育児嚢を出ると、休止していた胚は発生を開始します。この『着床遅延』という現象のために、カンガルー類は非常に長い妊娠期間が確認されています。

左から、生後１日目、６カ月、９カ月の子ども。

前《ぜん》後《こう》肢《し》と尾のバランス

オオカンガルーは、ほかの多くのカンガルー類とおなじく、ゆっくりと前進するときには両前肢と尾を地面につけて体を支え、後肢を前に進めます。ジャンプで移動するときには両前肢は地面につけずに、後肢をそろえて跳躍《ちょうやく》し、尾はバランスをとるためにつかいます。ジャンプは高さ約２ｍ、距離約８ｍにも達します。走る速さは時速40～50kmほどです。

ケンカの際には、相手に自身を大きくみせるため、尾で体を支えて立ち、背伸びをして胸を張ります。相手が動けないように両前肢でつかみ、後肢で相手の腹部をけり上げて攻撃します。これらの行動は、オスどうしの力くらべでよく見られます。

歩行とジャンプ。見くらべてみてください。

ひびき動物ワールド（以下、当園）では18年生きた記録もあります。

草食動物で主食は草ですが、木の芽や葉も食べます。明け方や夕暮れに活動する『薄明薄暮性《はくめいはくぼせい》』で、採食はふつう明け方と夕暮れに行いますが、夜間に行うこともあります。

周年繁殖《しゅうねんはんしょく》が可能で、妊娠《にんしん》期間は約35～38日間、基本的に１回の出産で１子を産みます。体長約２㎝、体重約１ｇと非常に未発達な状態で生まれた子どもは、母親の腹部をその小さな体の前肢をつかって自力ではい上がり、育児嚢にある４個の乳頭のうちの１個に吸い付きます。子どもが乳頭に吸い付くと乳頭の先端が膨らみ、口から離れにくくなって、子どもは母乳を吸いながら育児嚢内で成長します。排泄物《はいせつぶつ》は母親がなめとります。

生後約５カ月で目が開くと、は

じめて育児嚢から顔を出し、8カ月ほどすると毛が生えて育児嚢を出たり入ったりするようになります。育児嚢の入口は筋肉でできていて、母親は自由に開閉を調節して子どもの出入りを助けます。8～9カ月ごろになると母親とおなじようにジャンプできるようになります。10～12カ月すると母親は次の出産の準備を行うため、成長した子どもは育児嚢に入れなくなりますが、それから2年ほどは、育児嚢に顔だけ入れて乳を飲むこともあります。

オスのケンカ。

環境もいろいろ工夫しています

当園は、オーストラリアでカンガルーが暮らしている生息環境を再現するため、園内の緑化を行っています。豊かで幸せな生活を送ってもらえるよう、園内に植える樹木については、オーストラリアに生育しているものをメインに、カンガルーの嗜好性《しこうせい》を考えながら選んでいます。食性環境の展示として、青草や園内に生えている草・枝葉をエサとして与えることで、より自然に近い採食行動を観察できるようにしています。

それに加えて土入れを行い、オオカンガルーが穴を掘って地面に横たわれるようにするなど、生息域での行動を行えるように努めています。

ほかにも、オオカンガルーが限られた環境の中でも退屈しないように水浴び場を設けています。夏場は水浴びをする姿、冬場は水の代わりに落ち葉を入れることで暖をとる姿や採食する姿を、自然な形で観察してもらえるようにしています。

落ち葉のプールは大人気！

健康管理とトレーニング

当園は、来園者の方々が決まった時間内でオオカンガルー（メス）の飼育場に入れる『ふれあい体験』を行っており、間近でオオカンガルーの温かさや息づかいなどを感じられる日本でも珍しい施設です。そのため、飼育員による、オオカンガルーが人に対してストレスを抱かないようにするための訓練はもちろん、万全な体調を維持するための健康管理が欠かせません。各個体を注意深く観察することで、早期発見、早期治療による健康維持に努めています。

また、日々の健康管理の一環で、オオカンガルーにストレスなく体重計に乗ってもらうためにハズバンダリートレーニングを取り入れています。こうしたトレーニングを応用することで、投薬治療などによるストレスを緩和することができます。

なかにはトレーニングが進まない個体もいますが、個体の性格にあわせて進めていけるよう、飼育員との信頼関係の構築に励んでいるところです。

ひびき動物ワールド

〒808-0121
福岡県北九州市若松区
大字竹並286
TEL：093-741-2700

文・写真：深田直美

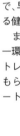

動物たちをもっと深く知れる動物科学資料館

動物科学資料館って？

動物を目当てに園内を巡っていて、偶然に動物科学資料館に来てしまったのか、「資料館？ どうせ動物おらんやろ。知らんけど！」と言い、来た道を帰るお客様を目撃しました（何とも残念、館内からでもペンギンをゆっくり観察できるのに……）。

こんな具合に、令和のいまでも「動物園は単に動物を見て楽しむところ」という考えは根強いようで、昭和の昔ではなおさらだったそうです。そうした昭和50年代中ごろ、神戸市立王子動物園では「楽しみながら知識を得る」動物園ならではの、学びの場の必要性が強く打ち出されていました。そして、剥製《はくせい》や骨格標本《こっかくひょうほん》、年々増えつづける書籍や資料の保管と活用に向け、教育普及施設の基本構想が策定され、昭和62（1987）年3月21日に動物科学資料館が開館されました。

直に学べる展示がいっぱい

館内にはペンギンを見ながらくつろげる休憩ホールをはじめ、『生きる』をテーマに動物の習性や体の機能などを紹介する展示ゾーン、専門書から絵本まで充実した図書室や情報コーナーがある学習ゾーン、300人を収容できる動物園ホールなどがあります。

館内展示の特徴は、実物などを用いて解説文を少なくしていることです。たとえば、小学1年生がトラの大きさを知りたい場合に、「大きなオスでは体長が2m50cm近くになる」という解説よりも、『剥

当館のシンボル的な展示、『ゴリラの森』。マウンテンゴリラ※の親子の朝の様子を再現し、センサーで人の動きを感じるとゴリラがこっちを向いてくれます。

※現在はヒガシゴリラ（*Gorilla beringei*）の亜種として、マウンテンゴリラ（*G. b. beringei*）が分類されています。

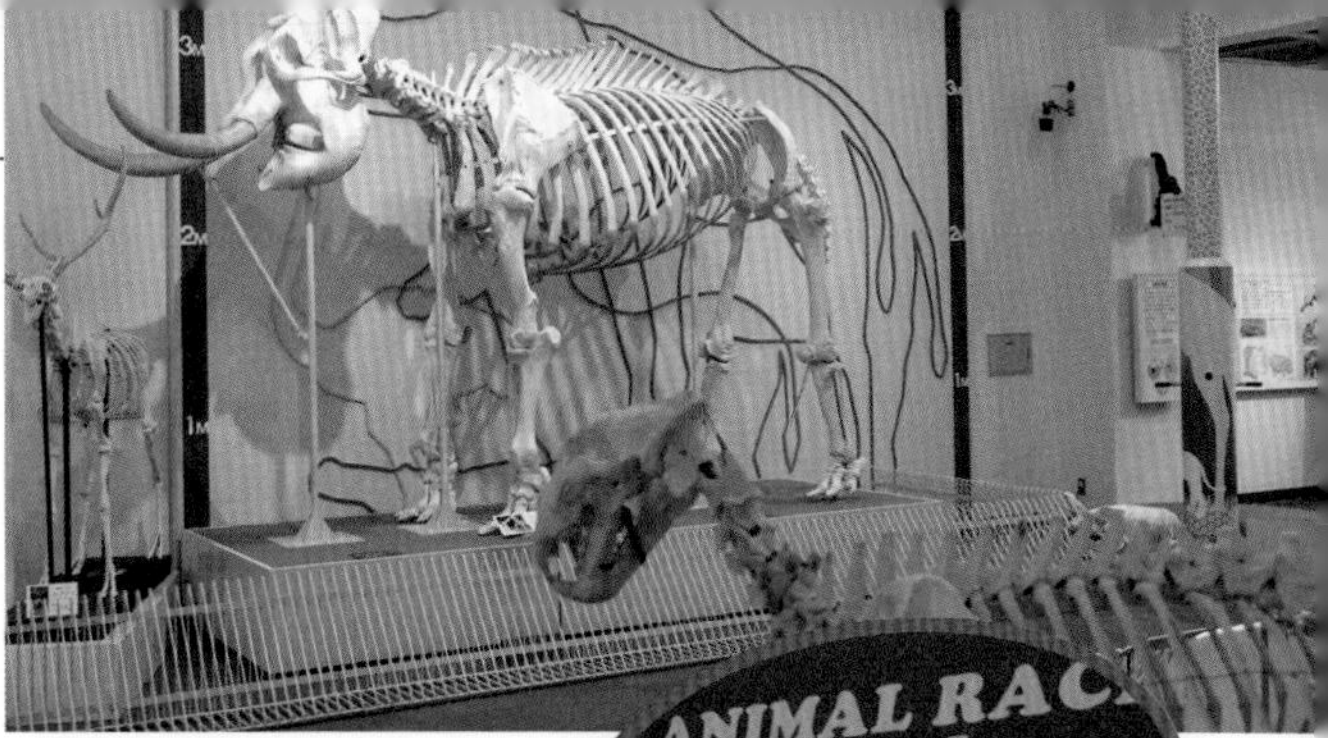

骨格標本の展示コーナー。ゾウやキリンなど、動物の体の成り立ちがわかります。「マンモスや！」、「こっちはクビナガリュウや、すごいなー」と盛り上がっているご家族に事実を伝えようとして、断られたことも……。まだまだ未熟、コミュニケーション能力を磨かねば……。

製展示室』で間近にトラの剥製を見る方がサイズやボリュームが直に伝わります。おなじく動物の走るスピードを時速○○kmと説明するよりも、自転車で動物たちと競走できる展示『アニマルレース』で疑似体験する方が、動物の速さだけでなく、デジタルでは味わえない疲労・敗北も実感できます。

大人気の『アニマルレース』。写真には写っていませんが、右側にもう１機あります。ライオンやシマウマなど、５種類の動物たちと競走することができます。

いろいろな取り組みを実施しています

当館では常設の展示だけでなく、特別展や各種イベントに加え、来園した学校・園などへの動物教室や、学校にいながらその動物教室に参加できるweb授業など、積極的に学習プログラムを提供しています（詳しくはwebで！）。

ここまで動物科学資料館について述べてきましたが、動物園の中にある資料館なので、みなさんには動物を見て楽しむと同時に、資料館の貴重な資料から学び、動物や動物園、自然環境など、いろいろなことに興味をもっていただきたいです。

それにしても、35年も前にこれだけの施設が企画・建設され、1995年の阪神・淡路大震災も乗り越え、いまも機能していることにただ感謝しています。

宍戸正芳

神戸市立王子動物園動物科学資料館 副館長（学芸員）。（公財）神戸市公園緑化協会職員を務める。

写真提供：神戸市立王子動物園

第6章

人とくらすなかま

No.
50

ロバ

ずっと人と一緒に暮らしてきた働き者の動物

ロバ（*Equus asinus*）は、哺乳綱奇蹄目ウマ科ウマ属に分類される動物です。

ロバは世界中で飼育され、家畜化されている奇蹄類《きているい》の動物です。5千年（資料によっては6千年）以上前に、アフリカノロバという種類から家畜化されたと考えられています。とても丈夫で、30年以上家畜として働く個体もいるようです。

暑く乾燥した環境に耐性があり、現在でも中国やインド、アフリカ、中央・南アメリカでは荷物や人を運んだり、食用として利用されたりしています。

体高は90～150cmで、体重は品種によりさまざまですが（平均260kg）、暑く乾燥した地域では大型になる傾向があります。大きな耳が外見上のいちばんの特徴で、寿命は飼育下だと40～50年と非常に長生きします。春～夏にかけて繁殖《はんしょく》し、

ロバのハズバンダリートレーニング

ハズバンダリートレーニング（以下、ハズトレ）という言葉はご存じでしょうか？ 動物の心身の健康管理のために必要な動作（体重計に乗るなど）を、動物自身に協力してもらいながら実施できるようにするトレーニングです。当園ではロバにハズトレを取り入れ、さまざまなことができるようになりました。たとえば、採血などもロバに協力してもらいながら実施しています。

採血している間も、じーっとしています。

動物園の動物たちに「採血するよ～」と呼びかけても、基本的には協力してくれません。そのため、動物たちが採血などの健康診断をするときは、保定《ほてい》を行う（動物が暴れないように行動を抑制する）ことがほとんどです。以前は当園でも、ロバと人がケガをしないように、男性職員２～３人ほどでロバを保定して健康診断を実施していました。しかし、このやり方では職員の人数がそろっているときなど、限られた機会でしか実施できません。そこでロバや職員が安全に、いつでも、そして安心して健康診断を行えるように、ハズトレを取り入れることにしました。

ハズトレの方法は、①ロバに採血を行う場所まで来てもらう、②その場でじーっと止まっていてもらう、③実際に消毒を行ったり、針を刺したりして採血する、④止血と消毒をする、の４ステップで行いました。ロバ自身がこうした行動をとったら大好きなニンジンをあげて、「その行動をするとニンジンがもらえる」ということを覚えてもらい、進めていきます。当園のロバの場合、ハズトレをはじめてから約１カ月で採血ができるようになり、その後、体温測定や蹄《ひづめ》のチェックなどもスムーズにできるようになりました。

体温測定中……。

妊娠《にんしん》期間は約360日とされています。かみね動物園（以下、当園）の過去の個体では1回に1頭の子どもが生まれています。当園で飼育されている個体は、おもにイネ科の牧草と草食動物用のペレットを食べて生活しています。

食べにくくするのは いじわるじゃありません

動物園を応援する方法には、どんなものが思いつきますか？

実際に動物園に来て、動物たちをご覧いただくことが、動物園職員にとっていちばん嬉しい方法です。そしてそのほかにも、近年ではクラウドファンディングなどのさまざまな方法で応援できるようになりました。

当園でも、大手ネットショッピングサイトの『ほしいものリスト』を利用して、さまざまな動物を応援できる体制を整えました。そうして実際にロバにプレゼントしていただいたのが『ヘイネット』と呼ばれる牧草を入れるネットです。それまでは、ロバは地面に直接置かれた牧草を食べていたのですが、ヘイネットを使用すると牧草が上から吊り下げられて、そこから牧草を少しずつ引き出さないといけなくなるために、牧草を食べる時間を延ばすことができました。

なぜ、このような少し面倒なエサのあげ方をするのかわかりますか？ いじわるのために食べにくくしているわけではありません。食べる時間が延びることで、ロバにとって暇な時間を減らすことができ、また、ヘイネットの小さな網目からどうやって牧草を出すかを考えて食べるようになるので、頭の体操にもなっているはずです。

このように、動物が身体的、精神的、社会的にみて健康であるように、環境を豊かで充実（enrich）したものに整えていくことを『環境エンリッチメント』といい、動物園では欠かすことのできない取り組みなのです。

ヘイネットを使用して
器用に食べていきます。

ロバは蹄が命！

ロバをはじめとするウマの仲間たちにとって、蹄をきれいに保つことは、日々の飼育管理において大切な要素であり、命にかかわる非常に重要なポイントです。蹄で体を支えているため、蹄が悪くなると歩けなくなり、重度に悪化すると死亡してしまうこともあるからです。

職員は、普段は前述したハズトレを実施し、蹄が割れていないかな？ 汚れていないかな？ というポイントをチェックしています。そして、定期的に『削蹄師《さくていし》』と呼ばれる蹄を扱うプロの職人さんに来ていただいて、蹄の状況をみて、形を整えてもらいます。こうすることで長期にわたり健康な蹄を保つことができ、ロバがいつまでも元気に歩いたり走ったりできるように管理しています。今後も動物園職員一丸となって健康な蹄を維持していきたいです。

蹄のチェック中。
日々の管理が大切です。

かみね動物園

〒317-0055
茨城県日立市宮田町
5-2-22
TEL：0294-22-5586

文・写真:川瀬啓祐

No. 51

人とくらすなかま ▼

ブタ（ミニブタ）

人とともに生きてきた パワフルな鼻をもつ動物

ブタ（*Sus scrofa domesticus*）は、哺乳綱鯨偶蹄目イノシシ科イノシシ属に分類される鯨偶蹄類です。ミニブタとは、その中でおおむね100kg以下の個体の総称です。

ブタは家畜種で、日本だけでなく世界各地で見られます。その中でも体の小さなミニブタとして、ベトナムポットベリー、ゲッチンゲン、実験用改良NIBSなどの品種が存在します。日本で飼育されているミニブタはほとんどがベトナムポットベリーですが、須坂市動物園（以下、当園）ではゲッチンゲン系の珍しい品種を展示しています。

ゲッチンゲンブタは1949年ドイツで実験用ミニブタとして、ミネソタ系ミニブタと、ベトナム原産小型ブタから生まれたF1と、ランドレースという種を掛け合わせて開発されました。体色は白が多く、黒の斑点《はんてん》がある個体もいます。ベトナムポットベリーとくらべると鼻が長いといわれています。ミ

須坂市動物園の方が教えてくれた マニアックなお話

寝床は自分で整えます！

当園ではブタの床材として麻袋を使用しています。麻袋は朝の掃除とともに天日干しするのですが、ブタは寝るときに干してある麻袋を自分で寝床まで運び、準備します。鼻や口、前肢《ぜんし》を器用に動かして麻袋を広げて敷《し》いたり、丸めてまくらとして使ったりしています。

　このように、ブタは全般的に知能や学習能力が高く、さまざまなトレーニングを行うことができます。その上きれい好きで、寝る場所とトイレを分けますが、さらにおしっことうんちをする場所まで分けています。

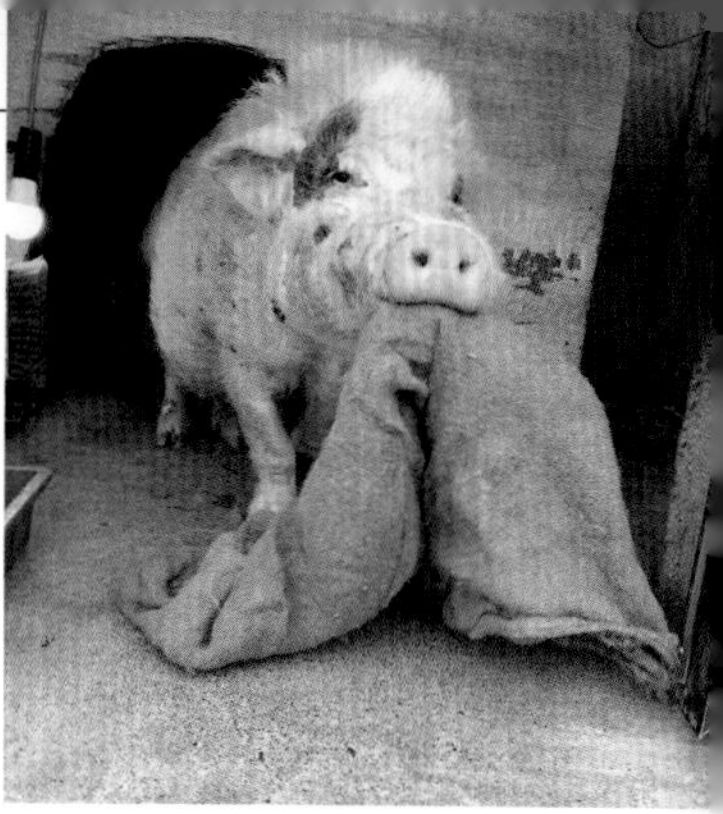

麻袋を運んでいる様子。
知能がとても高い動物です。

暑さ・寒さ、乾燥対策

ブタは鼻以外の部分は汗腺《かんせん》が発達していないため、汗をかいて体温を調節できません。そのため暑さ・寒さに弱く、健康を守るためにも対策が欠かせません。

　ブタは人とおなじく15〜25度の温度で快適に過ごせるため、夏は照りつける紫外線から皮膚《ひふ》を守るため、通気性のよい日よけやミストを設置しています。また、寒さが厳しくなっていく秋〜冬にかけては、最低気温が14度を下回ったときから寝室に人用のコタツのヒーター部分を設置しています。

　ブタは表皮の細胞層が5〜6層で、人とほぼおなじつくりをしています。乾燥すると痒《かゆ》くなって皮膚炎を起こし、皮がむけてしまうこともあります。本来は泥浴びをして皮膚の乾燥を防ぐのですが、当園のブタは砂や泥を食べてしまうので、健康面を考慮して、ワセリンやダームワンといった保湿剤（犬や猫用の保湿剤）を塗るようにしています。

　それに加え、飼育員が直接ブタの体をさわって、痛がるところがないか確認しています。これによって体に起きている異常や病気の早期発見につながります。

日焼けで皮膚が
カサカサにならないように、
サンシェード（日よけ）を
取り付けています。

ニブタの平均体重は30〜50kgほどで、最大で100kg以上にも成長しますが、太らせすぎると足に負担がかかり、立ち上がったり歩いたりすることが困難になるため、当園ではエサの内容や量、運動量に気をつけています。体重管理がとても重要なので、1週間に1回の体重測定も行っています。

　食性は雑食性で、サツマイモやキャベツ、ニンジンなどの根菜類や、リンゴやバナナといった果物を食べます。当園では、その時期にとれる旬の野菜や果物、ブタ用のエサ、高齢期からは海藻ミール（ミネラルやビタミンを多くふくむ、海藻を粉末にした飼料）を混ぜたエサも与えています。個体差があると考えられますが、味覚は酸味と苦味が苦手だといわれます。歯がとても丈夫で、アゴの力もとて

石のおもちゃ。ミニブタのストレスや退屈の解消に役立ちます。

強い鼻の力

ブタの鼻の力は、自分の体重の重さをもち上げられるくらいに強く、鼻をつかって物をよく動かすので、日常的に水皿や体重計が移動しています。

また、エサを探すために鼻で地面を掘り起こしていたイノシシであった名残で、ルーティング（鼻掘り）を行います。当園では展示場の床がコンクリートで鼻掘りを行えないため、その代わりに２～３kgくらいの石を数個設置しています。この石を鼻で動かしたり転がしたりすることでストレス発散や退屈防止になるため、こうしたおもちゃの設置はとても大切なのです。

実はとってもおしゃべりなんです！

みなさんもテレビや動物園などで少なからずブタの鳴き声を聞いたことがあると思いますが、実は鳴き声にもいろいろあります。トーンや鳴き方を変え、20種類くらいをつかい分けているといわれます。飼育員が作業をしていると「ブヒ、ブヒッ」と鳴くのですが、嬉しいときやエサが早く欲しいときは高い音で「ブヒッ」や短めに「ブッブッ」と鳴いてきます。逆に機嫌が悪くイライラしているときは低い声で「ブッブッ」、最高潮に怒っている・威嚇《いかく》しているときは「ゴォォォ」や「ゴォッ」といった鳴き声を出します。寝ているときは人のように、いびきをかくこともあります。

薄いけど、しっかり毛が生えています

飼育作業をしていると「ブタって毛が生えているんだね」という声を聞くことがあります。ブタには毛がないと思われがちですが、薄いながらもしっかり毛が生えています。毛の質感はかためで、身近な物でたとえるならば、デッキブラシのブラシ部分のようなさわり心地です。昔から、ブタの毛で作った豚毛ブラシは靴の手入れなどに使われています。

毛は初夏から少しずつ抜けはじめ、夏には短くなり、初秋よりのびはじめて冬には長くなりますが、保温効果はありません。

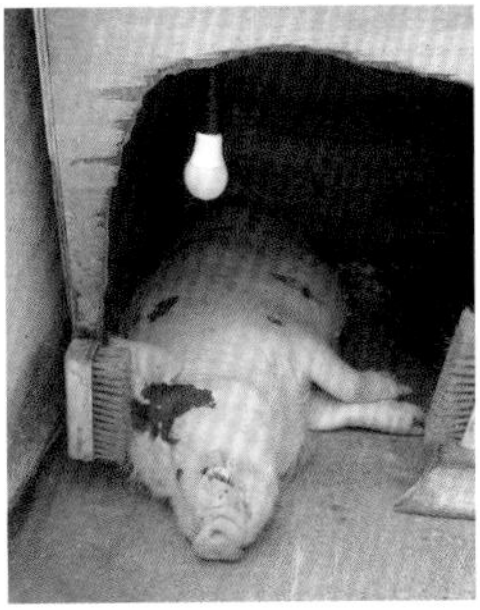

『ミニ』とはいえ、けっこう大きい！

も強く、クルミや栗、さらには石などを噛《か》み砕いてしまいます。

当園の飼育個体やイノシシの平均寿命から、ゲッチンゲンブタの平均寿命は10～15年と考えられます。また、視力が弱く色盲で、色彩は青色のみ判別できるといわれます。オスにはのびつづける牙《きば》（犬歯《けんし》）があり、定期的に切らないと皮膚《ひふ》にも貫通してしまいます。メスにも牙はありますが、オスほど大きくはありません。

須坂市動物園

〒382-0028
長野県須坂市臥竜2-4-8
TEL：026-245-1770

文・写真：岡本歩

パンダの思い出
〜糞《ふん》からきづいたこと〜

日本における パンダ飼育のはじまり

1972年、日中国交正常化を記念して、中国から日本に2頭のジャイアントパンダが贈られてきました。同年の10月28日、上野動物園にカンカンとランランと名づけられたパンダが到着し、日本での飼育がはじまったのです。パンダは『生きたぬいぐるみ』と呼ばれるように愛らしい存在として人々の注目を集めました。しかし、パンダは絶滅の危機が迫る希少種のシンボル的な動物でもあり、上野動物園は繁殖《はんしょく》への重責も負うことになったのです。しかし、メスのランランは子どもを宿しながら死亡し、後を追うようにカンカンも死んでしまいました。

上野動物園に転勤 繁殖の試行錯誤の日々

1986年6月1日に2代目ペアのホァンホァンとフェイフェイの間に生まれた子どもは無事育ち、トントンと名づけられ、人気者になりました。

私は1972年に多摩動物公園に就職し、1986年に上野動物園に転勤になり、その直後にトントンが誕生しました。1990年から、パンダ舎のある東園の係長として6年間、パンダ飼育現場の責任者を務めました。トントンのお婿《むこ》さんとしてリンリンが来園しましたが、繁殖しませんでした。2000年には飼育課長に就任し、その年の7月に14歳になったトントンの死に立ち会うことになったのです。トントンが診察台の上で、「キャン」と一声鳴いて、そのまま事切れたことはいまでも虚しく思い出されます。

2004年に園長になってからは、残されたリンリンとメキシコにいたメス3頭との国際結婚を試みましたが成功しませんでした。リンリンも22歳で2008年に死亡し、以来3年ほどパンダのいない上野動物園の園長を務めたのです。

生後195日目のトントン。木に上ったら、下りられなくなってしまいました。

リーリーとシンシンの新しいペアの、一晩の糞。

新しいペアがやって来た！

パンダ空白期の後、2011年2月にリーリーとシンシンの新しいペアが上野動物園に到着しました。2月21日深夜に到着した翌朝、私はパンダ舎に行って、2頭がよい状態で、健康な個体であると思いました。それは2頭そのものを観察してではなく、2頭の糞を見て直感したのです。パンダの糞は新潟名産の笹団子を大きくしたような形です。新しい2頭の糞は、いままでのどの個体より大きく立派だったのです。パンダの主食は竹や笹で、量りにくいため、毎日糞量を量って食欲の目安にしていました。3月に入り環境に慣れてくると、オスのリーリーの食欲はどんどん増し、大きな糞を大量にするようになり、1日に20kg以上、最高で26kgにもなりました。

新しい飼育 竹を重視したエサ

カンカン・ランランからリンリンまでの36年間と、リーリーとシンシンの飼育方法で、決定的にちがうのはエサでした。エサは竹を重視したものに変わっていたのです。リーリーとシンシンの1頭あたりの1日のメニューは、竹を20kgほど、リンゴ1個半、ニンジン6本、そして特製の栄養団子を1.2kgというシンプルなものです。以前のメニューには馬肉スープで麦飯を炊き上げたパンダ粥《がゆ》やサトウキビ、カキ、ナツメ、サツマイモなども入っていましたが、新しい2頭のメニューには入っていませんでした。

パンダ粥に代表されるメニューは、北京動物園から伝授されたものでした。北京動物園といえどもパンダをはじめて飼育したのは1954年のことで、メニューもまだ開発途上だったのです。未知の動物にはどうしても食べてくれるものを与えたくなります。1958〜1972年までロンドン動物園で飼われたチチのメニューにはローストチキンが入っていました。竹や笹を豊富に入手できないイギリスでは、いろいろなエサを試みたにちがいあ

パンダ飼育初期の飼料（上）と、新しい飼料（下）。大量の竹が主食です。

やってきたシンシン。
筍《たけのこ》が大好きです。

りません。ミルク粥や煮イモ、サトウキビなどはパンダにとっておいしいらしく、いくらでも食べてしまい、竹の採食量が減りました。竹をたくさん食べれば、形のいい大きな糞を大量にします。以前のメニューでは糞量が10kgを超えることが食欲良好の目安でした。新しいパンダの糞量は、20kgが目安になったのです。

リーリー・シンシン以前の9頭のパンダでは、この希少動物に対してエサを変えることは動物園にとっては冒険で、できなかったのです。パンダの生息地、四川省にある中国パンダ保護研究センターでは、たくさんのパンダを飼育し、エサの研究も行われていました。その結果、野生のパンダの食性に近いエサ、すなわち竹をたくさん食べさせることこそが、パンダを健康に飼う最もよい方法であると結論づけたのです。パンダの消化器は数百万年の年月をかけて竹や笹に適応してきたのですから、当然の結果でした。

中国では10年に一度パンダの生息数を調査しており、最新の2014年の調査では1864頭が確認され、20年で720頭が増加しました。IUCNのレッドリストでも、2016年に絶滅危惧種（EN：危機）から1ランク低リスクの絶滅危惧種（VU：危急）になったのです。パンダ飼育技術は向上し、2021年時点で、中国をはじめ世界各国で673頭が飼われています。私はリーリー・シンシンの来園を見届け、2011年に園長を退任しました。2頭は新しい竹を主食にしたエサで健康に飼われ、2017年にはシャンシャン、2021年には双子のシャオシャオとレイレイが誕生し、育ちました。飼育下での繁殖が順調なこともレッドリストのランクが下げられた理由にちがいありません。

小宮輝之

1947年東京生まれ。1972年多摩動物公園の飼育係になり日本産動物や家畜の飼育を担当。多摩、上野動物園の飼育課長を経て2004年から2011年まで上野動物園長。現在、日本鳥類保護連盟会長、ヤマザキ動物看護大学非常勤講師を務める。

執筆・写真提供団体一覧
（五十音順）

秋田市大森山動物園
秋吉台自然動物公園サファリランド
旭川市旭山動物園
飯田市立動物園
伊豆シャボテン動物公園
井の頭自然文化園
岩手サファリパーク
江戸川区自然動物園
沖縄こどもの国
鹿児島市平川動物公園
京都市動物園
釧路市動物園
野生の王国®・群馬サファリパーク
高知県立のいち動物公園
神戸市立王子動物園
神戸どうぶつ王国
小諸市動物園
五月山動物園
札幌市円山動物園
鯖江市西山動物園
須坂市動物園
公益財団法人世界自然保護基金ジャパン（WWFジャパン）
田園調布動物病院
地方独立行政法人天王寺動物園
ときわ動物園
豊橋総合動植物公園（のんほいパーク）
名古屋市東山動植物園
那須どうぶつ王国
日本オランウータン・リサーチセンター（おらけん）
一般財団法人日本蛇族学術研究所
公益財団法人日本モンキーセンター
浜松市動物園
日立市かみね動物園
ひびき動物ワールド
広島市安佐動物公園
本田ハビタットデザイン株式会社
宮崎市フェニックス自然動物園
一般社団法人ヤマネ・いきもの研究所
横浜市立よこはま動物園（ズーラシア）
Wild meæt Zoo

※本文中に記載した協力者の氏名は除く

［編著者］

大渕希郷（おおぶちまさと）

1982年、兵庫県神戸市生まれ。京都大学大学院 理学研究科 生物科学専攻 博士後期課程 単位取得退学。その後、上野動物園・両生爬虫類館の飼育展示スタッフ、日本科学未来館・科学コミュニケーター、京都大学野生動物研究センター・特定助教（日本モンキーセンター・キュレーター兼任）を経て、2018年より“どうぶつ科学コミュニケーター”として独立。夢は、いままでにない科学的な動物園をつくること。特技はトカゲ釣り。おもな著書として『「もしも？」の図鑑 絶滅危惧種 救出裁判ファイル』（実業之日本社）、『世界のかわいい動物の赤ちゃん』（PIE International）、監修書に『学研の図鑑LIVEポケット 爬虫類・両生類』（Gakken）ほか多数。幼稚園やオンラインなどでの動物を用いた教室、野外観察会の実施にも力を入れている。さらに、動物関連のテレビ出演や監修なども手掛ける。

動物園を100倍楽しむ!
飼育員が教える
どうぶつのディープな話

Midori Shobo Co.,Ltd

2023年7月10日　第１刷発行

編著者	大渕希郷
発行者	森田浩平
発行所	株式会社緑書房 〒103-0004 東京都中央区東日本橋３丁目４番14号 TEL　03-6833-0560 https://www.midorishobo.co.jp
編集	駒田英子　村上美由紀
イラスト	sirokumao
カバー・本文デザイン	三橋理恵子（Quomodo DESIGN）
印刷所	図書印刷

ISBN978-4-89531-890-7
Printed in Japan
落丁・乱丁本は弊社送料負担にてお取り替えいたします。